跨越 鸿沟

[美]保罗·劳伦斯·法伯 著

刘星 译

上海交通大學出版社
SHANGHAI JIAO TONG UNIVERSITY PRESS

# 发现鸟类：鸟类学的诞生(1760-1850)

DISCOVERING BIRDS:
THE EMERGENCE OF ORNITHOLOGY AS
A SCIENTIFIC DISCIPLINE: 1760-1850

## 内容提要

　　本书是俄勒冈州立大学科学史教授法伯的博物学史经典著作。通过分析 18 世纪末和 19 世纪初鸟类学这一科学学科的诞生过程，作者阐述了博物学如何在那段时期分裂为多个独立的、专业的分支学科。相较于其他鸟类学史著作，本书跨越了科学内史和外史的鸿沟，揭示了许多令人惊叹的历史细节。

## 图书在版编目（CIP）数据

发现鸟类：鸟类学的诞生：1760~1850 /（美）法伯（Farber, P. L.）著: 刘星译.—上海：上海交通大学出版社，2015（2017重印）

ISBN 978-7-313-12946-8

Ⅰ. ①发… Ⅱ. ①法… ②刘… Ⅲ. ①鸟类—研究 Ⅳ. ①Q959.7

中国版本图书馆CIP数据核字（2015）第092056号

Discovering Birds: The Emergence of Ornithology as a Scientific Discipline: 1760-1850, Copyright © 1996 by Paul Lawrence Farber, and Translation Copyright © 2015 by Shanghai Jiaotong University Press.

上海市版权局著作权合同登记号：图字09-2014-333号

## 发现鸟类：鸟类学的诞生（1760—1850）

丛书主编：刘华杰

| | | | |
|---|---|---|---|
| 著　　者：[美] 保罗·劳伦斯·法伯 | | 译　　者：刘星 | |
| 出版发行：上海交通大学出版社 | | 地　　址：上海市番禺路 951 号 | |
| 邮政编码：200030 | | 电　　话：021- 64071208 | |
| 出 版 人：郑益慧 | | | |
| 印　　制：山东鸿君杰文化发展有限公司 | | 经　　销：全国新华书店 | |
| 开　　本：787mm×960mm　1/16 | | 印　　张：15.5 | |
| 字　　数：172 千字 | | | |
| 版　　次：2015 年 9 月第 1 版 | | 印　　次：2017 年 4 月第 2 次印刷 | |
| 书　　号：ISBN 978-7-313-12946-8 / Q | | | |
| 定　　价：42.00 元 | | | |

国家社科基金重大项目
"西方博物学文化与公众生态意识关系研究"（13&ZD067）和
"世界科学技术通史研究"（14ZDB017）资助

# 博物学文化丛书总序

　　博物学（natural history）是人类与大自然打交道的一种古老的适应于环境的学问，也是自然科学的四大传统之一。它发展缓慢，却稳步积累着人类的智慧。历史上，博物学也曾大红大紫过，但最近被迅速遗忘，许多人甚至没听说过这个词。

　　不过，只要看问题的时空尺度大一些，视野宽广一些，就一定能够重新发现博物学的魅力和力量。说到底，"静为躁君"，慢变量支配快变量。

　　在西方古代，亚里士多德及其大弟子特奥弗拉斯特是地道的博物学家，到了近现代，约翰·雷、吉尔伯特·怀特、林奈、布丰、达尔文、华莱士、赫胥黎、梭罗、缪尔、法布尔、谭卫道、迈尔、卡逊、劳伦兹、古尔德、威尔逊等是优秀的博物学家，他们都有重要的博物学作品存世。这些人物，人们似曾相识，因为若干学科涉及他们，比如某一门具体的自然科学，还有科学史、宗教学、哲学、环境史等。这些人曾被称作这个家那个家，但是，没有哪一头衔比博物学家（naturalist）更适合于描述其身份。中国也有自己不错的博物学家，如张华、郦道元、沈括、徐霞客、朱橚、李渔、吴其濬、竺可桢、陈兼善等，甚至可以说中国古代的学问尤以博物见长，只是以前我们不注意、不那么看罢了。

长期以来，各地的学者和民众在博物实践中形成了丰富、精致的博物学文化，为人们的日常生活和天人系统的可持续生存奠定了牢固的基础。相比于其他强势文化，博物学文化如今显得低调、无用，但自有其特色。博物学文化本身也非常复杂、多样，并非都好得很。但是，其中的一部分对于反省"现代性逻辑"、批判工业化文明、建设生态文明，可能发挥独特的作用。人类个体传习、修炼博物学，能够开阔眼界，也确实有利于身心健康。

中国温饱问题基本解决，正在迈向小康社会。我们主张在全社会恢复多种形式的博物学教育，也得到一些人的赞同。但对于推动博物学文化发展，正规教育和主流学术研究一时半会儿帮不上忙。当务之急是多出版一些可供国人参考的博物学著作。总体上看，国外大量博物学名著没有中译本，比如特奥弗拉斯特、老普林尼、格斯纳、林奈、布丰、拉马克等人的作品。我们自己的博物学遗产也有待细致整理和研究。或许，许多人、许多出版社多年共同努力才有可能改变局面。

上海交通大学出版社的这套"博物学文化丛书"自然有自己的设想、目标。限于条件，不可能在积累不足的情况下贸然全方位地着手出版博物学名著，而是根据研究现状，考虑可读性，先易后难，摸索着前进，计划在几年内推出约二十种作品。既有二阶的，也有一阶的，比较强调二阶的。希望此丛书成为博物学研究的展示平台，也成为传播博物学的一个有特色的窗口。我们想创造点条件，让年轻朋友更容易接触到古老又常新的博物学，"诱惑"其中的一部分人积极参与进来。

丛书主编 刘华杰

2015 年 7 月 2 日于北京大学

以此纪念

范妮·桑德勒·夏皮罗（Fanny Sandler Schapiro）、
露丝·法伯·鲁宾逊（Ruth Farber Robinson）和米基·迈
克尔斯（Mickey Michaels）

# 中文版序

　　我希望原有的英文版序已经阐述清楚，本书旨在考察生命科学为什么会在18世纪末和19世纪初发生转型，以及它是如何转型的。曾经业余的博物学文学在几十年间变成了一系列高度专业化的科学学科。我把鸟类学作为一个典型来进行案例研究，从而考察了那段时间发生的事情。接下来，另一些作者的研究也表明，其他主题如鱼类学和昆虫学也经历了相似的发展历程。因此，本书是一项有用的研究，有助于理解那一时期许多领域所发生的普遍转型。此外，关于这些主题是如何成为独立学科的，本书也包含了许多有价值的内容。从方法论的角度来看，本研究试图展现一种综合性研究进路的价值。目前，从科学的"内史"角度（追溯概念或科学理论的发展）或"外史"角度（考察社会与境［context］、筹资模式、机构）都已经完成了大量的科学史研究。可是，长久以来科学史的这些传统都遵循着不同的研究路径。而我的观点是我们需要把这两方面结合起来，以绘制更全面的图景并更好地理解概念和与境。鸟类学的诞生历史是一个绝佳的机会，可以用来阐明我的观点，我也希望历史学家会认为它有所助益。当然，中国的科学经历了和欧美不一样的发展轨迹。不过，也很有可能一部分的中国科学史，尤其是 19、20 世纪的科学史会和欧美的路径相似。而这将由中国的科学史学家来发现并确定。因此，我希望本书可以在某种程度上推动对该问题的考察。

非常感谢北京大学哲学系的刘华杰教授以及上海交通大学出版社的刘浪，谢谢他们的辛苦工作从而使本书的中译本得以出版。

翻译总会面临很多挑战。我之前的经历也表明，找到"正确的"词语来表达作者的想法是相当复杂的事情，因为不同的语言并没有包含一一对应的词汇表，可以用一个词语来简单地替换另一个。而英语的翻译尤其困难，因为单词往往有多种含义，而大量拥有特定含义的词汇也会给译者带来相当棘手的困难！于是，英语译为中文必将面临其独特而复杂的问题。使这个问题更加严峻的是，本书的大量引文来自 18、19 世纪，其中一部分还来自不对一般读者公开的信件或私人文档。因此，一些语句难以理解，也包含了拼写错误和语法错误。同时，英语语言本身也随着时间在发生变化，一些单词的含义也有所改变。所有这些都意味着将本书译为中文并不是一件十分容易的事情。译者刘星来自北京大学，她的勤奋努力给我留下了深刻印象，她与我讨论了诸多问题以明确一些语句的含义。更令人惊讶的是，译者还发现了本书的一些错误，并在中文的这一版本中进行了订正。于是，在一定程度上，中译本在某些方面比英文精装版和平装版更加准确。

我还想感谢我的同事，俄勒冈州立大学（Oregon State University）的叶红玉（Hung-yok Ip）教授。在得知本书有可能被译为中文后，她给予了我很多帮助和建议，使我了解了中国的出版业务，对此我非常感激。

保罗·劳伦斯·法伯

2015 年 1 月 6 日

## 约翰·霍普金斯版序

　　直到最近，大量科学史还在关注主流科学理论的发展。学者们详
细考察了许多杰出人物的论文成果如牛顿、拉瓦锡、达尔文、贝尔纳和
爱因斯坦，寻找他们为了理解自然而遵循的道路，或者探索与他们的理
论起源、发展相关的一系列复杂的影响因素和学术交流。历史学家也研
究科学理论的社会与境，为这段历史增添了极具价值的另一面。他们论
证了科学所服务的意识形态目标，以及科学理论的政治、哲学和宗教维
度。这些研究为我们提供了科学在其文化与境中的说明，而这种特征显
著的说明更加丰富也更全面。不过在过去十年，大量历史学家开始质疑
科学理论在科学史上的核心地位，许多人也提出关于科学事业的另一种

视角。他们成功地证明了实验室、实验、技术、认知传统、研究机构、动植物研究模型以及设备的历史重要性，同时还表明可以研究很多这种历史而不用涉及特定理论的历史。[1]

　　很多这种科学理论之外的研究工作都详细考察了研究的方法论和组织机构。历史学家（在哲学家和科学社会学家的帮助下）的研究成果尤其丰硕，包括新学科的诞生，旧学科的转型或合并，各个国家的科学风格，以及各种研究团体的方法论假设和哲学假设。这些新增加的研究内容正在改变我们对科学的看法，因为它们不再追求科学的统一模型（经验知识的增长、范式的转变等等），而这些模型都是科学理论的起源和发展研究所追求的。这一变化并不令人吃惊。现在，科学史更关注对大自然的多方面研究，这反映了大自然本身的多样性以及可能研究它的多种视角。例如，博物学（natural history）拥有悠久而复杂的历史，跨越了从亚里士多德（Aristotle）到现在的全部时期。因此，历史上已有的博物学研究不仅差别巨大，还经过了多次重大修改。[2] 而生命科学（life sciences）理论的概念史（conceptual history）还不足以充分展示博物学的发展过程。

　　博物学最激动人心的一个变化是19世纪早期的分裂，数世纪的单个主题变成了一系列相关却又明显不同的科学学科。这段故事既不是进化论（theory of evolution）① 凯旋史的子命题，也不是人们通常认为的博物学消亡的编年史，即更宽更广泛的"生物学"构建了动植物功能的新理论并取代了博物学的系统分类学（systematics）理论。更确切地说，博物学领域发生的事情反映了19世纪科学专业化（specialization）的普

---

① 在此采用普遍译法"进化论"，实际上该理论没有进化的方向性，更准确地说应该是演化论。——本书脚注皆为译者注。

遍趋势，而这已经成为现代研究自然的特征。于是博物学分裂成一系列的学科，这些学科以它们的研究对象来进行定义，如鸟（鸟类学）、鱼（鱼类学）等等。发生这个变化是因为很多方面的发展：技术问题的解决，经验知识的大量增长，一系列研究机构的诞生，新增加的爱好者，新出现的资助来源，和工业革命相关的殖民浪潮所创造的机遇，以及许多个体开始研究特定的主题。这些新的生物学科（biological disciplines）几乎同时出现在几个国家，因此它们的历史不应该仅局限于从单个国家的学科发展研究中得出的特殊性。

本书是一个案例研究，关注从博物学中诞生出来的首批生物学科中的一门。尽管本书有助于理解科学学科的起源，但它还有更广泛的价值，可以证明科学以及科学变化的复杂性。有很多原因导致鸟类学的诞生，只有考察其中的几个因素——技术、经验、社会和文化，我们才能开始理解它的历史。

至于什么是最有效的研究方法，科学史本身也存在分歧。在 1965 年我进入研究生院时，科学史的"内史"（internal）和"外史"（external）正在进行争论。稍后，英国开启的社会史浪潮迅速掩盖了这场令人疲惫不堪的争论。最近，关于知识的社会建构，其不同的法国版本和英国版本引起了大量争论。这些争论虽然有利于许多科学史研究者熟悉方法论，但也给出了误导性的印象，即人们必须选择一个超越其他的特定关注点。本书阐述了一个简单的事实，那就是综合多种视角可以使我们受益良多。因此，为了理解博物学史，博物学的经验、理论、社会和文化方面都是需要研究的重要维度。

## 注释

1. 那些关注理论之外的研究包括但不限于以下：Peter Galison, *How Experiments End*, Chicago, University of Chicago Press, 1987; David Gooding, T. J. Pinch, and Simon Schaffer, (eds.), *The Uses of Experiment: Studies in Natural Sciences*, Cambridge, Cambridge University Press, 1989; Robert Kohler, *Lords of the Fly: Drosophila Genetics and the Experimental Life*, Chicago, University of Chicago Press, 1994; Jane Maienschein, *Transforming Traditions in American Biology, 1880-1915*, Baltimore, Johns Hopkins University Press, 1991; Mary Jo Nye, *From Chemical Philosophy to Theoretical Chemistry: The Dynamics of Matter and Dynamics of Disciplines 1800-1950*, Berkeley, University of California Press, 1993; William Coleman and Frederic Holmes, (eds.), *The Investigative Enterprise: Experimental Physiology in Nineteenth-Century Medicine*, Berkeley, University of California Press, 1988; Gerald Geison and Frederic Holmes, (eds.), *Research Schools, Osiris*, Vol. 8, 1993; Albert Van Helden and Thomas Hankins, (eds.), *Instruments, Osiris*, Vol. 9, 1994; Paul Lawrence Farber, "Theories for the Birds: an Inquiry into the Significance of the Theory of Evolution for the History of Systematics," in Margaret J. Osier and Paul Lawrence Farber, (eds.), *Religion, Science, and Worldview: Essays in Honor of Richard S. Westfall*, Cambridge, Cambridge University Press, 1985, pp. 325-339; and Nynn K. Nyhart, *Biology Takes Form: Animal Morphology and the German Universities, 1800-1900*, Chicago, University of Chicago Press, 1995.

2. 例如 N. Jardine, J. A. Secord, and E. C. Spary, (eds.), *Cultures of Natural History*, Cambridge, Cambridge University Press, 1996.

# 序

许多年前，我启动了一个项目，试图说明并评价布丰（Buffon）的
《博物志》（*Histoire naturelle*）对 18 世纪末和 19 世纪初科学的影响。布
丰的博物学高度文学化，但他后继者的动物学却十分严谨而无趣，这个
巨大的差别迅速吸引了我的注意力。我开始尝试理解博物学向一系列独
立科学学科的转型（地质学、植物学、鸟类学、昆虫学、鱼类学等等）。
不幸的是，关于 19 世纪早期生物科学（biological sciences）诞生的历史
文献十分稀少。[1] 事实上，整个科学学科诞生的议题普遍缺乏记录。一
个关于该主题的近期论文集提到：

当然，导致这种现象的一个原因是科学发展是极为复杂的过程。于是，在那些发挥作用的社会和知识因素组成的复杂网络中，从事科学经验研究的人会倾向于密切关注一条或少数几条路径。比如，许多历史学家主要在给定的调查领域内研究科学知识的内在发展。相反，社会学家倾向于关注那些和科学家行为相关的社会过程，但同时又在很大程度上忽略了科学的知识内容。[2]

本研究是一个案例研究，关注一门特定科学学科的诞生。我选择考察鸟类学是因为它是 19 世纪早期诞生的那些独立科学学科中最早和最重要的一个。我主要关注那些我认为对这个案例很重要的因素。因此，只有进一步研究相关的学科，才能展示这个案例的一般性。不过，考虑到鸟类学在动物学的重要作用，我希望这个研究能够为 19 世纪生物科学的诞生提供一些说明。

我母亲常说我天生就是一颗幸运星。虽然我接受的科学教育让我很怀疑这种说辞，但是我的生活经历却为此提供了大量经验证据。我在很多方面都非常幸运。而与本项目有关的是，我受上天眷顾遇到了许多乐于助人者和对我帮助很大的研究机构。在最基本的层面上，我很幸运地获得了美国国家科学基金会（National Science Foundation）的大量资助。如果没有它们，这个项目就不可能启动、运行和完成。因此，我非常感谢这些资助，包括 1973 年的 #GS 37955、1975 年的 #SOC 75-14972 和 1977 年的 #SOC 77-26903。此外，通过俄勒冈州立大学基金会（Oregon State University Foundation）和优配研究金（General Research Fund），俄勒冈州立大学（Oregon State University）慷慨地补充了美国国家科学基金会的资助，每年为我提供一些资金，用于购买影印本和缩微胶片并支付国内的差旅费。

由于美国国家科学基金会的资助，我可以在很多真正优秀的图书馆和研究机构中开展研究工作。那些机构里总是有能干的员工为我提供帮助，尤其是大英博物馆（British Museum）、伦敦自然博物馆（British Museum［Natural History］）[①]、法国国家自然博物馆图书馆中心（Bibliothèque Centrale du Musèum National d'Histoire naturelle）、法国国家图书馆（Bibliothèque nationale）、美国国会图书馆（Library of Congress）和怀德纳图书馆（Widener Library）。此外，还有伦敦林奈学会（Linnean Society of London）的图书馆、英国皇家学会（Royal Society）、比较动物学博物馆（Museum of Comparative Zoology）、华盛顿大学（University of Washington）、加州大学伯克利分校（University of California at Berkeley）、法国科学院档案馆（Archives de l'Académie des sciences）和法国国家档案馆（Archives nationales）。在那些帮助我的图书馆员和档案馆员中，我特别想感谢达塔夫人（Mrs. A. Datta）、莱叙（M. Y. Laissus）、布赖森先生（Mr. G. Bridson）和欣克先生（Mr. M. Kinch）。

自 1968 年起，在图书馆的日常使用细节方面我得到了法国国家自然博物馆塔兰内夫人（Mme Taranne）的鼎力相助。如果一个人曾在国外图书馆开展研究工作，但又无法掌握当地的语言，都会非常感谢这位富有同情心的工作人员。因为埃弗里特·门德尔松（Everett Mendelsohn）的大力支持，我在哈佛大学（Harvard University）的那个夏季才更有成果。在鲁珀特·霍尔（Rupert Hall）和马里·博厄斯·霍尔（Marie Boas Hall）的安排下，我在伦敦进行了一个冬季的研究，该研究也同样得到了帝国

xv

① 1992 年更名为伦敦自然博物馆（Natural History Museum, London）。

理工学院（Imperial College）的热情招待。

　　我还觉得非常幸运的是，我拥有许多杰出的导师，他们都是我应当效法的典范。此处仅例举几位：印第安纳大学（Indiana University）的弗雷德里克·丘吉尔（Frederick B. Churchill）和理查德·韦斯特福尔（Richard S. Westfall）为我接受的科学史教育奠定了基础；稍后，约瑟夫·席勒（Joseph Schiller）在 1973 年开设了一门"进修"课程，这使我有机会经常见到他。

　　同事、朋友、学生和家人都很支持我，对我的研究工作也帮助甚多。整个项目期间，利昂娜·尼科尔森（Leona Nicholson）、卡拉·罗素（Karla Russell）和多萝西·歇勒（Dorothy Sheler）为我提供了熟练的秘书服务。基思·本森（Keith Benson）不仅耐心倾听了数小时的鸟类学史讨论，还很体贴地校对了本书。因为特蒂·席勒（Tetty Schiller），在巴黎暂住时我们不仅收获很大，也很愉悦。而在研究工作的每个阶段，弗雷内莉·法伯（Vreneli Farber）都鼎力相助，她为我提供了良好的环境，从而使这份研究工作成为可能和一种享受。

　　以下机构十分友善，允许我复制它们的档案资料：大英博物馆、伦敦自然博物馆、法国国家自然博物馆图书馆中心、林奈学会和法国国家档案馆。

# 目 录 | CONTENTS

# 引言

18 世纪末和 19 世纪初欧洲发生了深刻的变化。历史学家定义并描
述了一系列重大的改革，试图呈现欧洲文明转型的范围和规模。这些重
大改革发生在不同的领域：政府、农业、商贸、制造、人口增长等等。
其中，最受关注的有两件事：1789 年法国大革命（French Revolution）
和英国工业革命（British Industrial Revolution）。前者标志着欧洲贵族的
政治、社会和文化优势的衰落；后者是经济加速扩张的起点，它不仅在
改善物质存在方面，还在运输、公共卫生、劳工组织和流行文化等多个
领域，影响了全人类的生活。此外，历史学家还仔细考察了农业改革、
商业改革、人口改革等等，积累了一大批关于该时期的历史文献，从而

使一些研究者可以尝试综合性研究，并构建欧洲文明转型的整个图景。遗憾的是，在这类综合性研究中只有少数研究关注 18 世纪末和 19 世纪初西方文化最惊人的一个发展。在这个时期的综合史（general history）中，历史学家并没有充分考察科学事业在内容、实践和规模上的根本性改变。[1] 不过，最近科技史学家（historians of science and technology）试图在某种程度上纠正这种忽视。他们研究科学中发生的重大改变，试图把那些事件与更广泛的历史图景联系起来。[2] 其中，最有效的研究工作来自物理科学（physical sciences）① 如化学的历史研究者，或相关科学的社会史研究者。通过这些研究，历史学家揭示了抽象的科学思想与产生它们的复杂环境之间的关系。他们展示了科学神龛（tabernacle of science）中最神圣的经典科学文本，也展现了它们多方面的辉煌历史。

　　生物科学史学家并不愿意将自己的努力——关于这个时期的特定主题研究——积极地融入到更综合的历史说明中。[3] 结果就是，比起 18 世纪末和 19 世纪初的物理科学史，生物科学史的重要性没有得到同等认可。此外，因为无法突破思想上的局限性，解释生物科学的发展历程也受到了影响。尤其是在尝试评价生物科学史的一个核心事件——18 世纪末和 19 世纪初的博物学转型时，这种情况表现得最为明显。那段历史和当时的文化、经济以及政治发展紧密相连。可是，关于博物学的转型，两个最被认可的现有说明都把涉及的因素想得过窄，因而错过了大量丰富的故事。

　　其中一个长期用来描述博物学转型的说明认为：18 世纪的博物学被 19 世纪的生物学取代。这个说明强调了生物学方法和主题的历史。事实

---

① 在此指对自然界中的非生命物质进行研究，包括物理学、化学和天文学等。

上，直到 19 世纪早期"生物学"这个词才开始使用，它被用来描述当时 设想的一种研究生命世界的新进路。[4] 生物学的拥护者试图区分生物学研 究和博物学，他们认为前者基本是生理的，即生命过程如营养、呼吸和 繁殖的研究，而后者基本上主要关注分类和描述。[5] 戈特弗里德·特雷维 拉努斯（Gottfried Treviranus，1776—1837）是这个新词的创造者，他曾 写道：生物学应当研究"生命的不同形式和现象，它们发生的条件和规 律，以及它们之所以成为生命的原因"。[6] 该词的另一位主要创造者让 - 巴蒂斯特·拉马克（Jean-Baptiste Lamarck，1744—1829）认为生物学是 一种新的"生命有机体理论"。[7] 不过，"生物学"即生理学（physiology） 并没有取代博物学，尽管生理学确实成为了一门基础的、非常激动人心 的科学。克洛德·贝尔纳（Claude Bernard，1813—1878）的普通生理学 （general physiology）、马蒂亚斯·施莱登（Matthias Schleiden，1804— 1881）和西奥多·施旺（Theodor Schwann，1810—1882）的细胞学说 （cell theory）以及鲁道夫·魏尔啸（Rudolf Virchow，1821—1902）的细 胞病理学（cellular pathology）都是现代生命科学史的重要里程碑，反映 了 19 世纪生理学在概念和方法论上的进步。不过，无论是从早期拥护 者的视角——他们希望建立新的生物学科学，还是从他们继任者成功的 视角来评价博物学史都是不公平的，也混淆了两者独立的发展路线。在 19 世纪，博物学有它独立的演变过程。不过，它的重要性不像生理学的 发展那样，还没有得到历史学家的普遍认同和重视。在一定程度上，当 代科学对历史认知的影响导致了博物学史无法获得充分的评价。在现代 生物学科的等级体系中，博物学现在的排名很低，而生理学的排名相当 高。更为重要且相关的是，关于 18 世纪末和 19 世纪初的博物学史，缺 乏从广泛的历史角度完成的详细研究。这种研究可以展现博物学事业的重要性，博物学研究机构的发展，博物学和殖民的联系，博物学和生理学及其他生物科学的关系，以及博物学的公众吸引力——源自像自然神学（natural theology）和社会合法性那样极为不同的原因。

极少数科学史学家关注博物学传统的历史，他们提出了另一种博物学转型的普遍说明。不过，他们是在哲学观点而非历史观点的限定范围内这么做，他们把博物学的变化描绘成自然观念（perception of nature）的转变，即从描述的、静态的系统概念变成了包含时间维度的概念：从博物学到自然史（history of nature）的思想转变。阿瑟·洛夫乔伊（Arthur Lovejoy）曾提出一个著名的观点，即自然概念的时间化（temporalization）发生于 18 世纪，[8] 而当前强调自然观从静态向时间演化转变的文献，大部分都是洛夫乔伊论点的重述，尽管它们有时在方式上大不相同。[9] 作为文化史（cultural history）的高度概括，自然概念的时间化可能有价值，但是作为博物学史的说明，它是不够的。除了太辉格式（Whiggish）以外，它还根据"达尔文的胜利"重构过去，因此是一种不准确也不充分的说明。直到 19 世纪 50 年代，大多数博物学研究还和 18 世纪 50 年代一样，在概念上仍然是非时间定向的（atemporal）。毫无疑问，从 18 世纪中期一直到达尔文时期一些人已经发生了认识论的（epistemological）转变，而这正好涉及时间演进的自然理解。不过，这一时期还有很多其他的哲学突破，同时科学中也有很多同等重要的历史变化。因此，按照几位思想家新颖的哲学假设来描述这一个世纪的研究特性，对异常丰富的自然产物研究历史不公平。

为理解 18 世纪末和 19 世纪初的博物学转型，需要进行一系列多方面的研究，从而阐明并讲述这个故事的主要轮廓。这一时期发生了很多事情。博物学分裂为几个独立的科学学科。研究材料的数量急剧增加，质量也显著提高。构建严肃科学的标准也变得更加严谨。对于材料的收集以及希望研究材料的人而言，新机会也出现了。博物学爱好者变得多种多样，同时还在不断增加。在传统领域如系统分类学和命名法（nomenclature）仍然存在着重大争议，而学科间又出现了新的张力，如田野考察者和博物馆研究员的张力。随着整个博物学事业的不断扩展，各国在研究风格、机构设置、哲学假设以及政府资助来源等方面的差异变得越来越明显。

当统一到博物学转型的历史中，这些不同的元素过于广泛因而不适合那些结构狭窄的研究进路，它们要么只关注概念和技术的发展史（科学"内史"），要么只描述社会和文化与境（科学"外史"）。研究认识论的普遍转变、范式的变化以及世界观的更换，也不能呈现出这个故事的复杂性。[10] 为了理解欧洲科学演变的这个复杂事件，我们需要一条综合的研究进路。需要仔细考察博物学的具体技术发展，支持那些变化的哲学假设，开展研究的机构设置历史，以及支持、引导、预示并反映博物学演变的社会文化系统。这项研究也需要进行比较。虽然科学团体是国际化的，但是各国的研究风格、哲学假设以及获得资助的机会千差万别。特定国家传统的研究，如戴维·艾伦（David Allen）的杰出著作《不列颠博物学家》（*The Naturalist in Britain*），[11] 虽然很有启发性，但是无法让我们区分国家特性和博物学基本演变特征的不同，而这些基本特征早已超出了那些特定的与境。同时，研究一个国家的博物学史也无法让我们理解各国发展的会合路线，而正是这些发展促进了 19 世纪的博物学。

本专著《作为一门科学学科的鸟类学的诞生（1760—1850）》（*The Emergence of Ornithology as a Scientific Discipline: 1760-1850*）提供了一个案例研究，在博物学转型的更大历史范围内关注一个核心事件。在博物学的分裂过程中，鸟类学是最早诞生的动物学科。这门学科获得了大量的关注和支持，是主要的理论争论场所，也是重要的经验发现场所。因为这些原因，鸟类学是很好的案例，体现了 18 世纪末和 19 世纪初发生在博物学中的变化。此外，它还为博物学史提出了需要探讨的问题和议题，使博物学史能够融入那一时期的综合史。

当然，鸟类学史并不是一块处女地。多年来，这个主题已经从多个不同角度吸引了强烈的研究兴趣，它们大部分是和系统分类学或艺术史相关的图像记录（iconography）以及目录。[12] 20 世纪也已经完成了两份鸟类学史的整体考察：莫里斯·布比耶（Maurice Boubier）在 1925 年出版了《鸟类学的演变》（*L'Evolution de l'ornithologie*），[13] 埃尔温·施特雷泽曼（Erwin Stresemann）在 1951 年出版了《鸟类学的发展》（*Die Entwicklung der Ornithologie*），而威廉·科特雷尔（G. William Cottrell）最近把后者译成了英文并添加了注释。[14] 布比耶和施特雷泽曼的关注点相同，都追循了他们认可的鸟类学知识的发展和积累。当然，他们的这种视角来自同期的鸟类学。因此，在评价鸟类学的研究时，布比耶和施特雷泽曼往往采用它的当今价值而不是历史意义。他们还强调过去跟现代鸟类学相连贯的那些内容。和那些关注图像记录、文献或片面记录的人相反，本研究试图展示鸟类研究是怎样从被忽视的文学活动变成了科学学科，而这门学科还吸引了一大群科学家，他们共享一系列严谨的方法、严格的标准以及远大的目标。本研究还试图把这些事件和那些使它们成为可能的条件相联系，其中有一些是严谨的经验条件，有一些是广泛的哲学条件，还有一些是看似遥不可及的条件，如印刷行业的改革或欧洲殖民帝国的扩张。我希望，本研究结果能够有助于回答 18 世纪末和 19 世纪初更综合的博物学转型问题。只有对科学史的那一部分进行全面的研究，才能揭示本故事在哪种程度上具有代表性。不过，我会尽量详细地讨论鸟类学史的多个方面，我希望它们可以为那个更广泛的议题创造可能的开端。

# 第 1 章

# 18 世纪的鸟类知识

1      如果被问到关于鸟类人们知道什么，18 世纪的绅士会回答：知道很多。鸟类在 18 世纪文化中占据了重要地位。事实上，几乎每一个文化领域中都有鸟类的明显存在，因而不可能避开它们。

在高贵的纹章（heraldry）语言领域，鸟类是纹章、徽章的象征符号，代表了普通百姓之外的少数权贵。鹰、鹈鹕和崖燕都是盾牌（纹章盾）上最常见的鸟类样式，而孔雀、鸽子、猫头鹰、公鸡以及神话鸟类凤凰都被用来表示地位、关系或品质。

在比较世俗的层面，鸟类是餐桌上不可缺少的部分。地主和农民都很熟悉各种家养的和野生的鸟类菜肴。美食家曾指出：18 世纪已经有人用家禽烹饪出当时最有名的一些美食，如皇后鸡（*le poulet à la Reine*）和查尔特勒松鸡（*la perdrix en Chartreuse*），前者是为路易十五

（Louis XV）的妻子玛丽·莱津斯卡（Marie Leczinska）准备的，后者由莫孔塞耶（Mauconseil）烹饪，他是路易十五最后一位情人杜巴利夫人（Madame du Barry）的厨师。事实上，这些鸟类也是经济的重要组成部分，因而引起了农学家的兴趣。一些学者如瑞尼·瑞欧莫（Réaumur）甚至认为：促进家禽和蛋类产品的增长是一个严肃且正当的科学努力。许多论文、期刊文章和百科全书条目都提到了饲养的实用内容，即饲养鸽、鹅、鸭、鸡来获取肉和蛋。[1] 可供人们狩猎的鸟类（game birds）① 是这些家禽的补充，因为当时主要的食谱书籍描述了多达五十种适合烹饪的野鸟。[2]

　　除了食用价值，可供人们狩猎的鸟类也因其在18世纪娱乐活动中的地位而被仔细观察。无论是使用猎鹰的高贵方式，还是使用枪支的普通方式，狩猎都是那个时期最重要的娱乐活动。除了作为食物或狩猎对象之外，鸟类在装饰方面也被认为具有娱乐价值。18世纪，养鸟活动呈现出真正的大规模增长。在某种程度上，这和英格兰② 花园的发展有关，因为这些花园需要水禽来完善它的"自然"休闲景观。于是，大型鸟舍里关着一些原本不会在这种"自然"环境中安家的鸟类。[3] 在较小的规模上，笼养鸟或室内鸟从17世纪就开始吸引欧洲人了，在18世纪仍然是不断扩展的贸易货品。本土以及外来鸟类（如鹦鹉和凤头鹦鹉）往往被装在优雅的鸟笼里，放在咖啡馆和时尚画室中展示，而这类鸟笼很多都保存至今。由于猎枪和动物标本剥制技术（taxidermy）的改进，即使是死鸟也可以进行艺术化处理，并成为了越来越受欢迎的收藏对象，最终

① 当时狩猎鸟类是一种合法活动，可供人们狩猎的鸟类野生的和家养的。它们通常都可以食用，如野鸡、鹌鹑和鸭子等。当然，此处特指野鸟。

② 在本书中"English"和"England"是和英格兰相关的词汇，而"British"、"Britain"和"Great Britain"是和英国（即大不列颠和北爱尔兰联合王国）相关的词汇。

3

Joli Femme vêtu d'une Robe d'un nouveau gout dit a la Diane, un ruban à la
ceinture nouer en rosette sur le côté gauche, Coëffure surmonté d'un Pouf à
L'Asiatique, orné d'une aigrette et d'une plume de Héron d'un cordon de Perles,
et d'un croissant de Diamants.

A Paris chez Basset Rüe St Jacque au coin de celle des Mathurins à l'Image St Genevieve. Avec Privilège du Roi.

图 1　"漂亮的妇女……戴着有羽饰的帽子，上面插着一支
鹭毛。"来自于《法国时装和服饰文化展览馆》( *Galleries
des modes et Costumes Francais*, Paris, Esnauts et Rapilly, 1778,
Vol. 1, plate 18. )。( 拍摄于巴黎法国国家图书馆 )

出现在博物类拍卖记录中。[4]

　　在许多装饰艺术中鸟类图案也十分流行，这突显了鸟类在 18 世纪文化中的地位。瓷器、纺织品、壁纸和陶瓷雕像都显示，自然主义的鸟类绘画似乎是一直存在的图案。当时甚至还有机械的鸟类玩具，其中最豪华的是玛丽·安托瓦内特（Marie Antoinette）的会唱歌的机械金丝雀，以及凯瑟琳大帝（Catherine the Great）装在鸟笼状音乐盒中的孔雀。[5]

　　作为文化趋势的晴雨表，时尚界也明确反映出鸟类在 18 世纪审美中的重要性，因为羽毛和填充的鸟类标本都是当时最引人注目的时尚打扮。据说在玛丽·安托瓦内特时期，"当这位女王和宫廷贵妇们一起通过凡尔赛宫（Versailles）的走廊时，人们只能看到如森林一般的羽毛（1.5 英尺高）在她们头上自由摆动"。[6] 莱昂纳尔·奥蒂耶（Léonard Autie）是最著名的宫廷美发师之一，他创造的发型"疯狂的羽毛"（*folie des plumes*）已经成为了旧制度时期（ancien régime）① 的时尚象征，是无数模仿和漫画的源泉。

　　知识和宗教信仰这类更崇高的领域也没有忽视鸟类。例如，鸟类被认为拥有可供人类学习的东西。诺埃尔－安托万·普吕什修士（abbé Noël-Antoine Pluche）的《自然奇观》（*Le Spectacle de la nature*，1732—1750）是 18 世纪中期最受欢迎的博物学著作之一。这本书把自然奇观描绘成一种对人类充满启示的奇妙创造物（Creation），并试图激发人类对全知全能创造者（All-Wise Creator）的敬畏之情。一些话题如错综复杂的鸟巢、各不相同的鸟喙及其功能，以及复杂的鸟类长距离迁徙，都阐明了创造物的本质及其对人类的意义。普吕什的《自然奇观》并不是详

4

―――――――――――

①　这段时期是指法国历史上的 15 世纪到 18 世纪，即从文艺复兴末期开始，到法国大革命结束。

细的鸟类学术著作。他的读者由年轻人和初学者组成，因此他在描述中非常小心地避免使用过多的客观事实。令人感到奇怪的是当时几乎没有关于鸟类的博物学著作。不过，当时有大量本土动物的研究，可以从中挑出鸟类的博物学片段：汉斯·斯隆爵士（Sir Hans Sloane）、弗朗西斯科·海尔南德斯（Francisco Hernandez）、加布里尔·阮尊斯基（Gabrielem Rzaczynski）和马克·卡特斯比（Mark Catesby）都是这类作者中最出名的。当时还出现了一些画册，如以利亚撒·阿尔宾（Eleazer Albin）、约翰·伦纳德·弗里施（Johann Leonard Frisch）和乔治·爱德华兹（George Edwards）的作品，它们是图画设计和图像记录参考书的资料来源。此处还有几部分类作品，其中最有名的是雅各布·克莱因（Jacob Klein）、皮埃尔·巴里亚（Pierre Barrière）、海因里希·默林（Heinrich Möhring）和卡尔·林奈（Carl Linnaeus）的作品。不过，这些分类体系只包含肤浅的鸟类知识，其成果不是很引人瞩目。考虑到鸟类在各个知识领域的知名度，存在的鸟类学术作品如此之少，让人感到非常惊讶。人们很容易就能找到一张烹饪丘鹬的食谱，一个新古典主义（neoclassical）鸽房的设计，或者一份合理而准确的凤头鹦鹉描述，却找不到综合的鸟类博物志。这种情况一直持续到布里松（1760 年）和布丰（1770 年）的作品问世，而我将在下一章对它们进行详细的讨论。在他们之前，只有文艺复兴时期的百科全书式作家，如皮埃尔·贝隆（Pierre Belon）、康拉德·格斯纳（Conrad Gesner）和乌利塞·阿尔德罗万迪（Ulisse Aldrovandi）。比起古代的百科全书式作家如老普林尼（Pliny）的版本，这些作品也许有更好的插图，包含了更多种类的鸟类描述，但仍然是上一个时代的作品。为了启蒙（Enlightenment）读者，它们不得不表现出好奇、不完整和不可靠。毕竟，这些作品秉承的人文主义（Humanist）传统是一种截然不同的视角。这些百科全书不仅包含神话鸟类如凤凰的文章，还长篇大论地讲述文本细节和神话细节，而这在当时是相当合理的，也确实很重要。直到 18 世纪中期，以经验为目标又富有经验的博物学家如瑞欧莫、布丰或帕拉斯（Pallas），都曾通读过上述作者的作品，并从中发现了大量丰富的宝藏。不过，他们也会感到很头疼，为了从这些书中提取有效的观察信息，他们需要花费大量的时间来剔除那些看起来如此多的糟粕，如累积的民间传说、缺乏经验的描述、二手的说明、艺术家的想象以及缺乏技巧的雕刻。弗朗西斯·威路比（Francis Willughby）的鸟类学（Ornithology）<sup>①</sup> 遗作由约翰·雷（John Ray）在 1676 年编辑出版，这是 17 世纪中期最全面和最优秀的鸟类学作品，书中包含的分类体系比同一时期的或早期较粗糙的尝试更令人满意。不过，书中的插图特别少，描述的物种数量也只有 500 种。自出版以后，近一百年的时间里雷和威路比的鸟类学一直是最先进的鸟类学，这个现象并非说明了该书作 6 者的天赋才能，而是更多地说明了 16、17 世纪博物学传统的连续性，以及 18 世纪上半叶的缺乏创新。

　　鉴于文艺复兴时期的百科全书不适合作为启蒙读者的参考书，再考虑到 18 世纪文化中鸟类的盛行，18 世纪 60 年代会出现一类新的鸟类著作就不足为奇了。[7] 这类著作有重要的历史意义，不仅因为它在 18 世纪文化中的地位，还因为它标志着一系列发展的开始，而这些发展最终导致了作为一门科学学科的鸟类学的诞生。这并不是说，鸟类研究的其他形式消失了。在西方文化中鸟类仍然发挥着重要的作用，比如狩猎、农

---

① "Ornithology"即鸟类学。早期的鸟类学和现代学科意义上的鸟类学略有区别，前者包括以鸟类为研究对象的各种知识，从现代科学来看既有属于科学的，也有不属于的。本书中的鸟类学多指这种意义上的鸟类学。

学、烹饪、装饰艺术等等。不过，在 1750 年到 1775 年间开始出现一种新现象，它后来逐渐发展到了一定程度并声称包含了"鸟类知识"，而其他领域如果提及鸟类也只是应用这些知识，或者以间接的方式提及鸟类的本质。

# 第 2 章

## 布里松和布丰：鸟类学（1760—1780）

1750 年到 1775 年间有两部出版物脱颖而出，成为新型鸟类研究 的领导者：马蒂兰－雅克·布里松（Mathurin-Jacques Brisson，1723— 1806）的《鸟类学》（*Ornithologie*）和乔治－路易·勒克莱尔·德·布 丰（Georges-Louis Leclerc de Buffon，1707—1788）的《鸟类博物志》 （*Histoire naturelle des oiseaux*）。

其中第一部即布里松[1]的《鸟类学》于 1760 年出版，开启了布里松 认可的直到他那一时期的鸟类学史，也就是说他考察了文艺复兴时期的 百科全书传统，从评价皮埃尔·贝隆开始一直讨论到约翰·雷。然后，他 接着考察了一些更近期的努力，它们试图构造包含所有已知鸟类的分类 体系。在布里松看来，这些早期作品都是不准确的，范围太狭窄，内容 也已经过时。更多的鸟类知识已经或即将获知，撰写新型鸟类学的时机

图2　"布里松"，由克雷蒂安（G. L. Chrétien）雕刻。（拍摄于巴黎法国国家图书馆）

已经到来。布里松所表达的更多的鸟类知识是指，比起以前的每一部论著，甚至包括 18 世纪伟大分类学家林奈的作品在内，现在可以罗列的鸟类要多得多，因此需要条理清晰的新分类体系来编目这些扩展的鸟类学基础。布里松认为他非常适合从事这项研究。自 1749 年起，他一直在瑞尼－安托万·费尔绍·瑞欧莫（René-Antoine Ferchault de Réaumur，1683—1757）的博物珍藏馆（*cabinet d'histoire naturelle*）担任管理员和研究员。这个博物珍藏馆是欧洲最好的博物学收藏之一，其中的鸟类标本尤其丰富。[2] 18 世纪，积累大量收藏的主要方式是利用庞大的通讯员网络。作为"博物学王子"（Prince of Naturalists）和法国皇家科学院（*Académie Royale des sciences*）[①] 成员，瑞欧莫拥有大量科学信件，可以从中获得标本和（或）描述。他在整个欧洲都有联络员，更重要的是他在殖民地也有通讯员，他们可以为他提供一些欧洲博物学家完全不知道的标本或物种描述。对于每一个物种，瑞欧莫都会尽量获得多个标本、一个鸟巢样本以及任何有关栖息地和行为的有用信息。他的这份细致大大提升了其收藏品的价值。瑞欧莫还认识几位前往殖民地或世界上其他地区的旅行者，他们都为其博物馆增添了资源。在瑞欧莫的通讯员中，比较著名的有皮埃尔·普瓦夫尔（Pierre Poivre）、米歇尔·阿当松（Michel Adanson）、莱顿的本廷克伯爵（Count Bentinck of Leyden）、雅克－弗朗索瓦·阿蒂尔（Jacques-François Artur）和夏尔·德·耶尔（Charles de Geer）。布里松非常幸运，他不仅可以查看瑞欧莫的所有材料，还可以和瑞欧莫一起兴奋地接收新物种，因为瑞欧莫的博物馆的许多外来鸟类标本都是在布里松担任收藏研究员之前或期间获得的。[3]

9

———————

① 现名为法国科学院（Académie des sciences）。

如果我们注意到 18 世纪中期鸟类标本在大部分博物学收藏中只占据很小的一部分，我们就能更好地理解布里松的地位。在某种程度上这是时尚流行的结果，在当时贝壳都比填充的鸟类标本更风靡。不过，还有一个现实原因：保存鸟类标本的技艺十分粗糙。瑞欧莫曾出版了一本关于标本剥制术的小册子，他自己也在书中指出了这个问题，并写道：

> 博物学的那部分 ① 能为我们提供最大系列的令人愉悦的物品，事实上也确实提供了很大数量的标本，可是追求数量不仅仅是为了看它们一眼的快乐。也就是说，处理鸟类标本的剥制技术还很不成熟，也没有被我们充分理解，因为至今都还不存在采用该技术制成的大型收藏。尽管已经采取了所有措施以保护标本免遭昆虫吞食，但还是只能无奈地看着那些标本每天被贪婪的昆虫破坏，于是那些已经开始制作标本的人很快就变得厌烦而不再继续。[4]

瑞欧莫花费了大量时间和精力来研究标本剥制术，虽然他没有解决昆虫吞食标本这一最严重的问题，但是他设计了运输和支撑鸟类标本的多种方法。在布里松加入其博物馆的前几年，瑞欧莫完善了用烤箱烘干鸟类标本的技术。采用这种方法制作标本，可以使鸟类仍然呈现出栩栩如生的样子，这也使瑞欧莫在相对较短的时间里收集了欧洲最大的鸟类收藏。[5]

就在这个时候，布里松获得了罕见的机会，可以进入这个私人博物馆并查看其中无与伦比的鸟类收藏，它不仅包含了近期支撑的情况良好

---

① 此处指动物标本剥制技术。

的鸟类标本，还包括了大量外来物种，其中有很多都不为科学所知。由于瑞欧莫把住所和博物馆都迁到了巴黎郊外，布里松还可以利用法国首都的资源，因为当时博物学收藏在巴黎非常流行。[6] 尽管瑞欧莫的博物珍藏馆中的鸟类标本无与伦比，但布里松还受益于对其他收藏的考察。在《鸟类学》中，布里松提到的鸟类有 100 多种来自奥布里修士（abbé Aubry）、邦德维尔领主夫人（Madame la présidente de Bandeville）、皮埃尔·让·克劳德·莫迪特·德·拉瓦雷纳（P. J. C. Mauduyt de la Varenne）、艾蒂安·弗朗索瓦（Etienne-François）、杜尔哥骑士（chevalier de Turgot）和皇家珍藏馆（*Cabinet du Roi*）的收藏。

布里松不仅受益于这些方便查看的收藏，还从中获得了自己的定位。因此，理解他的鸟类学应当考虑博物馆研究员和大型私人收藏的关系。在更综合的早期作品《九纲动物志》（*Le Regne animal divisé en IX classes*）的引言里，布里松曾表达了这种定位：

> 我非常有幸在几年前获得了这份职位，它使我可以每天接触到至今最丰富的自然物收藏，也让我完成了大量动物界的观察，从而对它们进行比较并考察它们的亲疏关系。于是，我不由自主地开始思考另一种排列动物界的秩序，它将和那些至今使用过的秩序不同。在这份研究中，我的目的仅仅是自我训练并履行自己的职责，为每一个抵达并放入珍藏馆中的新动物标本选择最合适的摆放位置。[7]

布里松的鸟类学研究进路是收藏‐目录式博物学（*collection-catalogue natural history*），也就是说是从博物馆研究员的视角写成的博物学。我们可以在很多方面发现这一点。从表面上看，显而易见的是布里

11 松详细地告知读者：他所描述的鸟类标本哪些在瑞欧莫的收藏中，它们可能是在哪儿由"通讯员不辞辛劳地采集并邮寄给他"。[8]（大约有 45 个人因为邮寄了 375 种鸟类标本而得到他的感谢。）如果某种鸟类标本不在瑞欧莫的博物馆中，布里松也会说明这个标本参考了他人的收藏。[9] 从很多方面来说，布里松的《鸟类学》是瑞欧莫收藏的扩展目录。该书还描述了鸟巢和鸟蛋，只要收藏中有它们，甚至还有一篇单独的文章"五趾的公鸡和母鸡"（Le coq et la poule a cinq doits），它记录了瑞欧莫珍藏馆中的一个畸形。正如所料，收藏 - 目录强调新物种。比如，布里松曾在引言中提到：他计划和文本一起出版 220 幅插图，描绘大约 500 种鸟类，其中有 320 种还没有被描述过。对新物种的这种强调，和布里松对瑞欧莫及其通讯员的诚挚谢意，以及他对瑞欧莫收藏的鸟巢和畸形的关注，都非常直接地反映了收藏 - 目录式博物学研究进路。不过，他的研究进路还有更深层的意义：在布里松看来，鸟类研究本质上是鸟类的排列（即分类）的研究。事实上，他最独创的研究工作和最主要的贡献就包含了他排列鸟类的新方式，这种方式按照喙和爪把鸟类分成了 26 个目。

12 这些相对较多的目（例如，比起林奈的 6 个目）既是这个分类体系的优势，也是劣势。考虑到整个体系是人为分类体系，也就是说它并没有声称分类单元之间有内在联系，而只是为了方便才如此构造。于是，26 个目可以让布里松把鸟类灵活地安排到相当自然的分组中。直到今天，鸟类学家依然对布里松的鸟类分组探索印象深刻。[10] 不过，这个分类体系很笨拙也难以记住，在这个意义上 26 个目反而对布里松不利，因为它限制了这个分类体系的接受和传播范围。布里松的分类体系在细节方面做得更好。他在 26 个目下描述了 115 个属，虽然它们很多来自于约翰·雷和更早期的作者，但是有 65 个新的属，其中 64 个至今仍在使用。[11]

布里松的整个鸟类分类体系包含了 1500 个物种和变种，这是雷的 3 倍，也是林奈在两年前（1758 年）出版的《自然系统》（*Systema Naturae*）第 10 版的 3 倍。

仔细阅读布里松的《鸟类学》就会发现，整个 6 卷都是收藏 - 目录式博物学，这个双重意义表现为他既立足于特定收藏又着重考察分类。该书的总体结构以 26 个目为基础，最初是引言，然后逐个罗列。还有个别文章试图通过大段的、通常也是某个特定标本的外部特征描述来定义物种或变种。如果他见到了雄鸟、雌鸟和雏鸟，也会对其进行单独描述。布里松还将某个特定标本的大小认定为一种鸟类的大小，而不是这种鸟类的平均或典型大小。也许因为布里松痛苦地意识到了他的局限性——他的标本常常处于很糟糕的状况，他很少同时拥有雄鸟、雌鸟和雏鸟，他对鸟类季节性变化的细节一无所知，他还有很多物种完全没有标本，所以一旦他拥有足够的材料，就会创作出书中最好的描述性鸟类学来进行补偿。

每一篇文章都采用相同的格式："首先是鸟类的大小和比例；其次是它的颜色，从头开始到尾巴结束。"[12] 这虽然不是最扣人心弦的说明风格，但非常适合用来进行比较。生于 1731 年的弗朗索瓦 - 尼古拉·马蒂内（François-Nicolas Martinet）采用了相似的方式来绘制文本插图，它们和布里松的文本一样也呈现出僵硬的博物馆造型。不过，它们也是有价值的，因为按大小比例来看它们基本上是准确的版画，同时也描绘了 [13] 每一种鸟类的属。每份描述还附带大量的文献和命名讨论。在某种程度上，这是文艺复兴 - 百科全书传统的延续，在这种传统中每篇文章都是从讨论名字的历史开始。不过，布里松对命名的处理和早期不同，因为他的重点不是文献，而是获知名字历史的实际需求：当对照其他作者的作品时，这可以帮助他的读者明白他描述的是哪种鸟类。

布里松遗漏的内容和他特别关注的内容一样，也揭示了他的写作目的。他的文章缺乏很多主题的信息。最明显的是，他完全没有讨论鸟类的内部结构——无论是一般的还是特殊的。缺少这种讨论一点也不奇怪。布里松是利用鸟皮或支撑起来的标本开展研究。因为这个原因，也没有任何关于环境、分布或行为等野外信息的讨论。只有在鉴定标本来自于哪个国家，或者评论鸟类的经济重要性或狩猎价值时，最多才会有一些零星的讨论。

对布里松而言，缺少详细的野外信息是一个严重的阻碍。这使他无法准确描述不同物种在各个生命阶段的体貌，以及它们的季节性变化。不过值得称赞的是，至少他已经察觉并充分认识到这个困惑源于知识的缺乏，如各个生命阶段的描述、季节性变化、性别差异等等。他曾经在讨论猛禽时叹惜道：为了妥善地整理并分类，人们真的很需要知道那些变化，它们"存在于不同的时间段并贯穿整个生命过程，而这往往是最难以实现的"。[13]他拥有的材料有限，有时他不得不利用雏鸟标本来描述一个物种，或者把一个已知物种的雌鸟误描述为新物种。考虑到布里松所能支14 配的材料，他把分类体系建立在简单的外部物理特征上就不足为奇了。

《鸟类学》包含了6卷详细的鸟类分类，采用了非常枯燥的写作风格，还将各个物种的研究范围局限于鸟类的外部体貌描述。那么，布里松是为谁写作呢？很明显，这不是一本为普通的或偶然的读者撰写的作品，由此可知到1760年收藏家和爱好者已经有足够的兴趣，可以支持这部昂贵的6卷本作品出版，其中还包含了200多幅版画。这个相对较小的团体对布里松的《鸟类学》的接受情况基本上是积极的，因而该书在布里松生前重印了两次。虽然26个目的整个分类体系从未获得广泛的认可，但它也被很多博物学家采用，还被认为是特明克（Temminck）的作品之前最重要的分类体系。细致的个体描述、新的属以及基本准确的插图（由马蒂内绘制）使这本书具有长久的价值，也为布里松赢得了许多同时代人的赞誉。[14]

布里松的《鸟类学》是收藏 – 目录式博物学研究进路的好例子。它对材料、风格、范围以及读者的选择都和特定的著名收藏相关。布里松的鸟类学和瑞欧莫的博物馆关系密切，这一点可以从研究结束的情形中进一步发现。瑞欧莫于 1757 年去世，他生前就把收藏赠给了法国皇家科学院。1758 年 1 月 2 日，皇室下令把他的收藏转移到皇家植物园（Jardin du Roi）里的皇家珍藏馆，这是一个更合适的博物学收藏场所。而推动这次转移的正是布丰，他从 1739 年开始担任皇家植物园园长（Intendent），是推动这个机构发展的最重要的人物之一，他使这个研究药用植物的小植物园发展成为重要的自然科学研究机构。在转移瑞欧莫的收藏时，布丰正筹备出版一部综合的博物志。他刚完成了第一部分——四足动物的一半，还没有开始写第二部分——鸟类。于是很明显，让其他人发掘瑞欧莫的收藏并不符合布丰的利益。同时，瑞欧莫和布丰之间也有很大的敌意，因而布丰并没有邀请布里松来一起合作。他被布丰当作敌对阵营的一分子，不在合作对象的慎重考虑之内。于是，布里松再也不能使用瑞欧莫的收藏，只好接受诺莱修士（abbé Nollet）的建议，放弃了他在博物学领域的研究工作，开始研究实验物理学，随后也教授该学科。在这个领域，他也开启了一段即便不能称之为特别辉煌，至少也算成功的职业生涯。如果考虑到布里松的鸟类学的规模，以及出版《鸟类学》（1760 年）时他才 37 岁且之后还活了 46 年这个事实，布里松再没有出版博物学著作就真的很值得关注了。人们可以用个性和职

16

图3 这张未标日期的18世纪晚期版画反映
了布丰去世时获得的巨大声誉:"大自然在布
丰的墓上叹息 & 这位杰出博物学家的肖像画。"
(作者的收藏)

业（professional）生涯的意外来理解这个兴趣的转变。然而，同等重要的原因是布里松完全依赖于一份特定的收藏，一旦这个收藏被剥夺他将难以继续开展研究。如果他生活在稍晚的历史时期，他可能会找到另一份收藏，但是在 1760 年这种选择不存在。

这是一段令人啼笑皆非的历史，1750 年到 1775 年间鸟类学的两个主要人物拥有完全不同的个性、社会地位和博物学视角，却因为瑞欧莫的收藏而紧密联系起来。

布丰伯爵（始于 1772 年）是 18 世纪下半叶最重要的博物学家（natural historian）。[15] 他的《广义和狭义博物志》（*Histoire naturelle, générale et particulière*）① 的第二部分是关于鸟类学的作品。这部巨著从 1749 年开始出版，直到 1788 年布丰去世，总共出版了 36 卷。除了一些科学的回忆录和一篇在法兰西学术院（*Académie française*）发表的著名演讲，这个印刷和插图都很豪华的系列图书是布丰的作品全集（*oeuvres complètes*）。于是，该书在很大程度上为其荣誉奠定了基础，使他成为法国启蒙运动（French Enlightenment）的四位主要哲学家之一。丹尼尔·莫尼特（Daniel Mornet）对 18 世纪法国私人图书馆的经典研究表明：在 18 世纪后期最受欢迎的文学作品中，《博物志》位列第三。[16] 布丰的作品是推动启蒙文化中科学传播的重要因素——在那些忽视布丰科学重要性的历史学家看来，这项成就反而被视为布丰肤浅的标志。

和布里松的《鸟类学》一样，布丰的《博物志》也和一个重要收藏相关，即皇家植物园的皇家珍藏馆。虽然该馆是 18 世纪下半叶欧洲最大的博物学收藏，但是收藏种类不均衡，而且作为当时最大的博物学收藏，

17

―――――――――

① 一般简称《博物志》（*Histoire Naturelle*）。

它的鸟类收藏明显很薄弱。1749 年，瑞欧莫曾写信给一位通讯员：

> 在昆虫、矿石或鸟类方面，皇家植物园的珍藏馆的收藏并不丰富。它的鸟类收藏中有 60 或 80 个标本是他们在斯特拉斯堡（Strasbourg）制作的，不过由于他们不知道如何保存标本，这批标本中的大部分在去年就被蛀虫吃掉了。[17]

于是，布丰把瑞欧莫的收藏纳入皇家珍藏馆的想法就很容易理解了。幸运的是，他有很好的条件来推动收藏从皇家科学院向皇家植物园转移：他是欧洲最重要的博物学研究机构负责人，皇家科学院的财务总管，在宫廷也有重要的人脉关系。此外，这次转移也有积极的意义。皇家科学院并没有保存重要博物学收藏的设施，而皇家植物园明显是博物学研究的中心，和强调物理科学研究的皇家科学院截然不同。

18 世纪 60 年代初，布丰开始制定《鸟类博物志》的写作计划，他的情况和布里松准备鸟类学的情况在某些方面十分相似。布丰也拥有瑞欧莫的收藏，甚至沿用了布里松的雕刻师马蒂内来制作部分雕版。他和布里松一样，也受益于旅行者、探险家以及通讯员不断汇集的观察和发现。不过，布丰拥有的地位和资源使他可以大规模地征集这些信息，甚至比瑞欧莫还多。布丰偶尔还和瑞欧莫争抢共用殖民地通讯员所提供的标本。皇家珍藏馆本来是为外国君王提供礼物的自然储藏室，经过布丰的努力变成了全新的场所，存放了政府探险活动带回的材料、收藏家给予皇室的遗赠，以及爱好者的博物学标本和观察记录——尤其是那些渴望为"知识增长"作出贡献的殖民地爱好者。布丰还说服路易十五创建了"皇家珍藏馆通讯员"（*Correspondant du Cabinet du Roi*）的荣誉称号，并以此鼓励那些爱好者。在旧制度时期的称号－意识社会（title-conscious society）中，这为采集提供了有力的刺激。布丰最具价值的信息来源有 ① 埃尔贝（第戎）、勒费夫尔·德赛（圣多明戈）、拉提格尔医生（萨尔堡）、皮埃尔－奥古斯丁·居伊（马赛）、阿图尔医生（卡宴）、博尔德（卡宴）、菲利普·康梅森（马达加斯加）、皮埃尔·普瓦夫尔（留尼汪）、米歇尔·阿当松（塞内加尔）和巴永（皮卡第）。夏尔－尼古拉·西吉斯贝尔·松尼尼·德·曼侬古尔（Charles-Nicolas Sigisbert Sonnini de Manoncourt，1751—1812）也把一大批南美鸟类标本和笔记送给了布丰；詹姆斯·布鲁斯（James Bruce，1730—1794）和他分享了埃塞俄比亚（Ethiopia）的探险记录和见闻；皮埃尔·索纳拉（Pierre Sonnerat，1749—1814）为他提供了大量外来物种。[18]

布丰的《鸟类博物志》是优秀的收藏－目录式博物学，是 12 年前布里松的鸟类学的更新和扩展版本。事实上，布丰的整个博物学项目的最初灵感就是一份皇家博物学收藏目录。布丰和布里松一样，也痛苦地意识到：无论他的作品多么庞大，充其量也只能看作是初步成果。一个人不可能拥有认识鸟类世界全貌所必需的全部知识。不过，扩展目录也是有用的一步，可以为将来的鸟类学奠定基础工作，也有助于为命名的混乱状态带来一些秩序，而在布丰看来命名正是一个极其重要的主题。在一篇关于鸨的文章开头，他曾写道：

当一个人试图说明一种动物的历史时，他必须做的第一件事就是对

---

① 括号内为信息来源地，原文为 Among Buffon's most valuable sources of information were M. Hébert (Dijon), Lefevre Deshayes (Saint-Domingue), Dr. Lottinger (Saarburg), M. Pierre-Augustin Guys (Marseille), Dr. Artur (Cayenne), M. de la Borde (Cayenne), Philippe Commerson (Madagascar), Pierre Poivre (Ile Bourbon), Michel Adanson (Senegal), and M. Baillon (Picardie)。

动物的命名进行严谨的评论：清楚地列出它在不同时期以及各种语言中使用的名字，也尽可能地区分使用相同名字的不同物种。这是我们利用早期作者的部分知识并把它们有效地融入到现今发现中的必经之路，因此这也是博物学获得真正进步的唯一方式。[19]

考虑到布丰的《博物志》本来是为皇家珍藏馆准备的目录，可最后他不仅分享了重要收藏相关者的共同兴趣和问题，还高度关注了命名问题。更加引人注目的是，布丰的《鸟类博物志》和布里松的《鸟类学》从根本上就完全不同。布丰的收藏只是其综合的博物学百科全书的起点。事实上，布丰对纯粹的分类研究嗤之以鼻，他认为那是枯燥乏味的行为，并在很多文章中不断重复这一观点。例如，在描述新发现的蛇鹫的奇怪特征后，布丰说道：“这个生命统一了如此相反的特征，哪个纲会和它有关联呢？这也从另一方面证明：自然超出了我们所能认识到的可以用来描述它的有限范围，它比我们的思想更丰富，也比我们的体系更宽广。”[20] 布丰认为，动物研究需要的是每个物种的详细博物学。只有完成这种详细的研究之后，人们才能开始构建分类。他曾在四足动物的研究中贯彻这一过程。在近 20 年的时间里，他所出版的关于已知四足动物的单篇文章都在进行这种尝试，试图在血缘和有限多样性的基础上构建自然分类。不过，关于鸟类布丰似乎面临着难以逾越的技术性问题。当时，甚至没有一个现存的鸟类收藏可以稍微满足这项任务。布丰曾估计，为了给出每个物种（不包括变种）的最低限度的充分说明，人们分别需要一个雄鸟和雌鸟标本以及两个雏鸟标本，也就是说总共需要至少 8000 个鸟类标本，这是 1770 年皇家珍藏馆收藏规模的 10 倍。[21] 即使布丰拥有这样的收藏，它也只能是个起点，因为布丰认为除了考察动物的形态特征，野外观察对获得完整的生物知识也必不可少。当时关于鸟类习性的知识充其量也只有很少，而且大量增加的前景并不特别乐观。可是必须要有一个开始，于是布丰试图汇编所有可用的鸟类信息。除了现有文献，他还充分利用了地方动物志。他公开借用爱德华兹的新物种，也经常提到布里松，只不过很多时候是以一种谦逊的批评形式。布丰试图厘清命名，这使他接触到更早期的鸟类学。然而，除去它们对命名整理的重要性，布丰对早期作者通常缺乏热情，当然古代巨擘如亚里士多德除外。至于文艺复兴时期最著名的鸟类学——阿尔德罗万迪的作品，布丰早些时候曾写道："如果剔除掉那些没有价值的、无关主题的内容，他的写作规模可以减少到现在的十分之一……它（阿尔德罗万迪的博物学）往往混杂了许多神话传说元素，而且作者的倾向太明显以至于无法信任。"[22] 布丰更多地依赖于他遍布全球的通讯员网络，以及旅行者和探险家近期出版的鸟类描述，比如詹姆斯·库克船长（Captain James Cook，1728—1779）的著名航海成果。当然，他也充分利用了他所拥有的标本。他曾写信给他的合作者加布里埃尔·利奥波德·贝克森修士（abbé Gabriel Leopold Bexon）："先生，请尝试完全从鸟类本身来进行描述，这对精确度至关重要。"[23]

21

　　虽然布里松也汇编材料并密切关注他的标本，但是他的作品范围和目标完全不同于布丰的。布里松制定了一个深思熟虑的人为分类体系，使博物学家可以组织已知的鸟类种类。相反，布丰的目标是为了知识的百科全书，而这些知识将是发现生物规律的基础。这并不是说，布丰忽视了分类。恰恰相反，布丰认为分类应当反映自然的秩序（order of nature）。在他的鸟类作品中，布丰试图运用那些研究四足动物所获得的见解。在描述每一种四足动物并考虑相关因素如地理分布（geographical distribution）、变异（variety）和杂交之后，布丰总结道：密切相关的物种如马、驴和斑马，是同一个始祖（original stock［*premier souche*］）的后代，随着时间的推移发生了一定程度的分化。[24] 虽然布丰的材料完全不足以建立明确的鸟类自然分类，但是他仍试图尽量自然地组织材料。他把鸟类按科进行分组，每组详细描述一个物种，然后只给出那些密切相关的种类的区别特征。这个详细描述的物种不一定最接近原始种，不过作为整体的组确实可以看成一个相关联的集合。追随约翰·雷的脚步，布丰按照生活习性划出了不同的科：陆禽、水禽、食肉鸟、食草鸟等等。在这个层面上，鸟类的行为和外部特征同样重要。在个别描述中，布丰有时还会利用鸟类的行为来帮忙区分不同的物种。不过，布丰和布里松一样，也非常依赖于羽毛的颜色来区分物种。虽然布丰是一位风格独特的杰出作者，但是他并没有承担这份不讨好的任务，即试图描绘一幅包含所有物种和变种的完整图景。这"是不可能的"，他曾写道：

> 除非人们使用数量惊人的、非常无趣的词语来描述鸟类的颜色。在每种语言里甚至都没有合适的术语可以表达这些细微差别、色调、反光和混色。尽管如此，在这里颜色仍然是基本的特征，往往也是唯一的特征，可以用来鉴别某种鸟类并把它和其他种类区分开。[25]

幸运的是，还有另一种选择：彩色插图。1765 年，在埃德梅－路易·多邦东（Edmé-Louis Daubenton，1732—1785）的指导下，著名的《彩画博物学大典》（*Planches enluminées*）开始动工。当 1783 年完工时，它包含了 1008 幅手工上色的版画，其中的 973 幅共描绘了 1239 种鸟类。在当时这是一个无与伦比的工程。勒内·龙塞尔（René Ronsil）曾说道：

"布丰的《鸟类博物志》由马蒂内绘制插图，是真正的鸟类学图像记录
的基础，开启了这一领域的新纪元。"[26] 同时出版的四个《鸟类博物志》
版本中有两个搭配了《彩画博物学大典》，另外两个（廉价）版本有它
们自己未上色的插图，不过也包含了对《彩画博物学大典》的引用。
《彩画博物学大典》的插图数量和准确性使布丰可以避免重复分析鸟类
的外部形态和羽毛颜色。事实证明它还有特殊的历史意义，因为在布丰
写作的那个时期，收藏面临着可怕的威胁：害虫、光照、所谓防腐剂的
损坏，以及硫磺熏蒸带来的大部分无法避免的破坏。我们不能指望一份
稳定的收藏，也因为这个原因，那些罕见标本以及我们现在所谓的模式
标本（type-specimens）的细致插图变得更加重要，可以避免不必要的分
类混乱。事实上，皇家珍藏馆的所有标本都早已经开始腐烂。

　　布丰的分类研究进路和布里松的明显不同。从根本上来说，存在争
议的是两位博物学家之间的张力，一位旨在编写目录和要领，一位旨在
揭示自然中的规律。尽管有些争议，但《鸟类博物志》的简介也明确提
出了这个区别：

　　布丰先生不屑于贬低自己来追随别人，也不愿仿效这些命名者的幼
稚迂腐。对于大自然的规划，他们只给出了头脑中设计的结构以及
装满他们小想法的表格，同时他们还把生物荒谬地联系起来，仅仅
是为了把它们凑到一起。而布丰制定了一条新的路线，一个更简单
的计划，也更符合大自然的过程。在他居住的地方，布丰时刻关注
描述对象的细节，而对于他所描述的生物，他会研究它们的本质、
习性（moeurs）、本能、实践和迁徙。他不断地对它们进行内部比
较，也把它们和那些最密切相关者进行比较。采用这种方式处理博

物学的全部内容，布丰可以知道如何从中获得对物理科学和自然哲学十分重要又有用的事实。[27]

布丰的目标是揭示自然中的设计。他不同于早期的作者普吕什修士以及比他稍年长的同期作者乔治·爱德华兹，他不是在自然神学的与境下构想设计，而是在启蒙运动自然神论（Enlightenment Deism）的与境下进行构思，就像伏尔泰（Voltaire）拥护的那样。在布丰看来，自然可以描绘成一幅充满生趣和复杂关系的庞大画卷。1770 年，他对此进行了如下描述：

> 充分展示的自然向我们呈现出一幅巨大的画卷，画中生物的类别被描绘成链条。每个链条都把那些非常接近且相似的，因而也难以区分的事物串成连续的系列。这个链条并不是简单的，只有长度延伸的线条。它是一个巨大的织物或者说是一个束，从一个又一个的间隙中产生分支，再加入另一个类别的束中。尤其是在束的两端，这些束会弯曲、分叉并融入其他的束中。[28]

在《博物志》的不同卷中，布丰都采用了各种隐喻来暗示自然的整体秩序和统一性。在这些展示自然统一性的尝试中最重要的是，布丰坚信所有现象都是一般规律的结果。[29]虽然布丰强调自然的一致性和整体设计，但这并不会妨碍他"如实地"看待自然——有优点，也有缺点。这和自然神学相关的设计观点不同，它是按照完美的适应来描述动物的，而布丰拥有我们所谓的美中不足的审美观。[30]尽管自然最引人注目的是它的和谐与美丽，但是"在壮丽的奇观中也有一些不受重视的产物和不太愉快的东西"。[31] 例如，在他关于反嘴鹬的文章中，布丰很好奇这种鸟类是如何利用这么怪异的喙进食，他还声称必须把这种喙看成是富饶的自然所产生的异常形式，这个自然运行到了极致，因此会偶尔出现异常。[32] 早些时候，在他关于巨嘴鸟的文章中，布丰更全面地讨论了"自然怪物"（natural monsters）的本质，他曾写道：

> 人们可以把它们看作是物种怪物，它们和个体怪物只有一点不同： 25
> 它们自我延续而且不会改变……自然畸形的真正特征是出现了失调
> 的无用物。所有极端的、过多的或者位置荒谬的，同时有害而又无
> 用的动物器官，都不应该纳入自然直接设计的宏伟规划中，而应该
> 放入自然反复无常的小计划中——或者如果你喜欢，也可以放入自
> 然错误的小计划中。尽管如此，这些错误也和前者一样有着直接的
> 目的，因为这些同样异常的产物向我们指出了自然的全部，也指出
> 了无论哪种均衡、规律和对称性支配着所有自然作品，失调、过度
> 和缺陷都会向我们证明：自然力量的范围完全不受那些均衡和规律
> 想法的限制，而我们却想任何事情都符合这些想法。[33]

布丰的视角非常难以描述其特征。它本质上是对启示的感受。它寻求规律和秩序，却又承认自然的复杂性和大量变异，以及人类理解自然的方式有限。这个还未充分认知的设计令人敬畏，尽管它不一定完美。布丰对自然的审美观也许和他整体文学化的博物学研究进路有关。布丰是 18 世纪风格独特的杰出作者之一，他留存的手稿包括他的修订都显示出他非常关注文章的文学素养。布丰的文章呈现出高度的文学性，为此他受到了批评或唾弃，就好像高雅一定会让人失去严肃思考的能力。相

反，正是他对重要理念（*la grande vue*）的热爱和对审美的敏感，使他提出了关于数据的基本问题。布丰提出了一些重要的问题：变异、变种和物种之间的关系，它们和环境的相互作用，行为及其与环境、变异的关系。对四足动物以及鸟类的思考使他拥有动态的自然观，在这种观点中理解动物必须结合不断变化的物质世界。布丰对秩序的兴趣远远超出了 26 "命名者"的局限。虽然他的出发点是博物馆的收藏，但是他的鸟类学远远超出了博物馆研究员的视野，他提出并尝试回答关于自然中的秩序（order in nature）的基本问题。

尽管布里松和布丰的鸟类学截然不同，但是它们都是新的鸟类知识研究进路的一部分。18 世纪是一段对鸟类兴趣浓厚的时期。这种兴趣不断传播开来，如果只认识到这种对鸟类的兴趣渗透了 18 世纪的文化，这是因为没有充分认识到鸟类是严肃的科学研究对象。而布里松和布丰的鸟类学的精确性、范围和严肃性都标志着鸟类的科学研究进入了现代时期。布里松尝试进行系统分类，这正好反映了欧洲第一个大规模鸟类学收藏已经存在。他的《鸟类学》制定了新的鸟类分类标准。布丰的百科全书试图考察所有可用的鸟类知识，并把这些事实和关系纳入某些自然的一般规律中。两部作品都刻意保持开放性，旨在激励更多的研究。因此，从 18 世纪 60 年代起，鸟类学有了公认的模式和广泛的经验基础。它将不再反复处理一系列的已知鸟类，或者像早期百科全书作者和系统分类学者那样记录鸟类。从此以后，鸟类的描述要么十分广泛，要么附有精确的插图，同时关于理论议题的某些基本问题也被提出。随后，在 18 世纪 80 年代发生的事情主要是始于 18 世纪 60 年代的科学鸟类学的进一步积累和发展。不过，一系列技术性因素强烈影响了这个发展过程，而它们是在布丰完成《鸟类博物志》以后才开始变得重要。

# 第 3 章
# 新数据（1780—1830）

布里松和布丰都相信他们的作品虽然涉及广泛，但只构建了鸟类学 的开端。他们都认为还需要很多年才可能出现完整的鸟类学，也赞同从根本上来讲最需要的是经验信息。至于什么是满足需要的经验基础，布丰的视野更广阔，认为它包括鸟类的行为、分布以及它在自然经济体系中的位置。不过，学者希望可以把布丰和布里松结合起来，从而打下坚实的开端并不断地拓展。这两位都是不可多得的先驱者。在《鸟类博物志》（1770—1783）出版后的五十年间，关于鸟类的信息急剧增长。鸟类学的经验基础不断扩充，这份激励在某种程度上源自 18 世纪 60、70年代的开端——那个由布里松和布丰带来的令人印象深刻的开端。他们开展研究的时间很好，因为在 18 世纪末和 19 世纪初博物学开始变得非常流行。虽然比起后来要求的标准，许多对博物学的兴趣还没有那么严肃或严谨，但是确实为那些进一步从事研究的少数人发掘了读者。[1] 同样或更重要的是材料的大量涌入，这和新一轮的殖民相关，也和几位收藏家的努力有关，这些狂热的收藏家拥有当时最好的条件。推动鸟类经验知识增长的主要来源可以分为两类：欧洲物种和外来物种。

欧洲的地方动物志慢慢增加已知欧洲鸟类的数量，澄清一些困惑，增添一些鸟类图像记录，以及最重要地，支持并鼓励其他人对当地和迁徙物种的博物学进行原始观察。比如在英格兰，吉尔伯特·怀特（Gilbert White，1720—1793）、托马斯·比尤伊克（Thomas Bewick，1753—1828）和乔治·蒙塔古（George Montagu，1751—1815）的作品都说明了欧洲地方动物志的价值。吉尔伯特·怀特也曾简要说明这一研究的重要性，他曾写道："比起那些关注点超出其可能熟悉范围的人，专注于一个地区的人更有可能促进自然知识的增长：每一个领域，每一个省份，都应该有自己的专著作者。"[2] 怀特写给托马斯·彭南特（Thomas Pennant）和戴恩斯·巴林顿（Daines Barrington）的书信深入而细腻，形成了其著名博物志的核心，并讨论了筑巢、迁徙、食物、季节性变化以及其他方面的塞尔彭鸟类博物学。如果怀特是布丰的通讯员，他的观察就有可能融入到布丰的综合鸟类志中，那么怀特的名字将不会比布丰的其他通讯员更有名，如拉提格尔医生、皮埃尔－奥古斯丁·居伊或赫伯特。幸运的是，怀特的书信是单独印刷的，因此除了为经验基础增加一些观察，它们还凭借其文学素养和才华成为鼓励、激励和激发一代又一代业余和职业鸟类观察者的源泉。

比起怀特的书信集，托马斯·比尤伊克的《不列颠鸟类志》（*A History of British Birds*，1797—1804）是一部范围大得多的作品，但也是普及鸟类研究的主要力量。在他去世前几年，比尤伊克给他的好友—— 一位独立

而且优秀的鸟类观察者约翰·弗里曼·米尔沃德·达沃斯顿（John Freeman
Milward Dovaston，1782—1854）写信，提到那些公认的博物学家给予的
赞扬令他大吃一惊："不，不，我没有指望获得他们的认可。这些都是额 29
外的东西，我的努力是针对年轻的一代，我的目标是通过这些短文来引导
青年人从事博物学研究，经此他们可以思考大自然的作品，并被引领到大
自然的上帝面前。"[3] 虽然比尤伊克没有为鸟类学增添经验基础，但是他的
写实木版画为广大公众提供了廉价的英国鸟类图像记录来源，也鼓励了爱
好者参与野外研究。乔治·蒙塔古的《鸟类学词典；或，按字母排序的不
列颠鸟类简介》（*Ornithological Dictionary; or, Alphabetical Synopsis of British
Birds*，1802）和《附录》（*Supplement*，1813）代表了 1830 年以前英国鸟
类学的制高点。[4] 虽然蒙塔古的作品没有怀特和比尤伊克的作品受大众欢
迎——不及上述两个作品的文学和艺术魅力，但是他的鸟类学为英国鸟类
书籍建立了准确性和严谨性的新标准。最引人注目的是，他对季节性变
化、生命阶段性变化以及性别差异的特征十分关注，而这些特征在布里
松和布丰看来正好是精确描述所必需的。为了厘清混乱，蒙塔古甚至饲养
鸟类以观察它们的羽毛变化等等。通过这种方式可以解决一些观点冲突的
问题，如白尾鹞（Hen Harrier）和环纹尾鸟（Ringtail）① 是不同的物种或
者只是两性异形的例子。于是，1813 年蒙塔古可以理直气壮地在《附录》
中写道：他的作品是"当时最完整的不列颠鸟类志"。[5]

　　怀特、比尤伊克和蒙塔古很好地阐述了欧洲鸟类区域性研究的贡
献。他们还反映了鼓励这种研究的广泛兴趣。吉尔伯特·怀特的《塞尔

---

① "Ringtail"是观鸟者的一种非正式用语，指代几种鹞属的雏鸟和雌鸟，当时它们还没
有明确种类。在蒙塔古看来，"Ringtail"不是一个独立的物种而是白尾鹞的雌鸟。而
在他之前，一些博物学家认为这类雌鸟是不同的物种。

彭博物志》（*The Natural History of Selborne*）明显是为了记录本土鸟类，也为鸟类学的经验基础作出了贡献，包括本土鸟类名录、迁徙方式和行为等方面的内容。书中充满了这位狂热的观鸟爱好者的热情，他希望和那些同样享受野外研究乐趣的人交流。一般而言，因为自然神学的原因，比尤伊克的《不列颠鸟类志》是为了启示，它属于英国谨慎的博物学传统。但它同时也是一个商业项目——比尤伊克主要是插画师而他的木版画是那个世纪最有名的作品之一。[6] 和他的《不列颠四足动物综合志》（*General History of British Quadrupeds*）一样，比尤伊克的鸟类学也主要是艺术品，是其收入的来源。乔治·蒙塔古对鸟类的研究源于他对野外运动（field sport）的兴趣——他的首本出版物就是关于火药的专著，[7] 他也成为了博物学和野外运动关系密切的体现。

　　当然，动机和成就是不同的问题。不过有趣的是，在博物学尤其是关于本土动物的研究中，人们可以看到本土鸟类名录、图像记录以及鸟类行为观察和宗教、娱乐、商业利益的联系。

　　在法国，布里松和布丰的大型项目使本土鸟类研究有些黯然失色。增加的法国动物知识大多发现于博物学词典、布丰的《博物志》修订版或其他更新 18 世纪晚期鸟类学的明确尝试中。虽然关于外来物种的书籍有很大的市场，但是在 1830 年以前几乎没有创作法国或地方动物志的严肃尝试，除了菲利普·皮科·德·拉佩鲁兹（Philippe Picot de Lapeyrouse，1744—1818）的《上加龙省哺乳动物和鸟类观察志纲要》（*Tables méthodiques des mammifères et des oiseaux observés dans le departement de la Haute-Garonne*，1799），以及波利多尔·鲁（Polydore Roux，1792—1833）始于 1825 年却最终没能完成的《普罗旺斯鸟类学》（*Ornithologie provençale*）。

另一方面，在 19 世纪早期的区域性研究中，德国 ① 是令人印象最深刻的国家。约翰·马托伊斯·贝希施泰因（Johann Matthaeus Bechstein 1757—1822）出版了《德国公共博物志——以三个邦国的情况为依据》（ *Gemeinnützige Naturgeschichte Deutschlands nach allen drey Reichen* ，1789—1795），4 卷里有 3 卷是关于鸟类的，[8] 加上《德国鸟类学手册，或为博物学中的鸟类爱好者撰写的德国鸟类简述》（ *Ornithologisches Taschenbuch von und für Deutschland oder kurze Beschreibung aller Vögel Deutschland für Liebhaber dieses Theils der Naturgeschichte* ，1802—1812），31 一起提升了公众对德国鸟类学的兴趣。虽然贝希施泰因不曾拥有或接触过任何重要的鸟类收藏，也没有在他的家乡图林根（Thuringia）以外的地区大量旅行，但是他一直维持广泛的通信，也充分利用了可用文献。在此基础上，贝希施泰因也补充了他自己的本土鸟类观察，这些观察还使他命名了几个新物种。也许比这些新物种更重要的是乡村的魅力和感性，他曾在作品中表达过它们。在 18 世纪末和 19 世纪初的德国和其他地方，这种对自然的深刻感受是大量本土动物志的特征。我们不仅可以在贝希施泰因身上，还可以在当时的另外两位鸟类学家（ornithologist）② 身上发现这一点，他们分别是约翰·弗里德里希·瑙曼（Johann Friedrich Naumann，1780—1857）和克里斯蒂安·路德维希·布雷姆（Christian Ludwig Brehm，1787—1864），主要专注于区域性研究。

约翰·弗里德里希·瑙曼来自一个业余鸟类学家组成的家庭，1820 年

---

① 此处单词为 "Germany"，为方便读者在此译为 "德国"，实际上它指德意志邦国，而真正的德国出现在普鲁士首相俾斯麦 1871 年统一各邦国之后。

② "Ornithologist" 即鸟类学家。早期的鸟类学家与现代鸟类学学科中的鸟类学家有所不同，他们有许多人只是关注鸟类知识或从事鸟类相关的研究，有时也会关注其他知识，有时更适合称为博物学家。本书中的鸟类学家多指这种意义上的鸟类学家。

他开始出版他父亲的德国鸟类博物志"修订版",该版远远超出了其父约翰·安德烈亚斯·瑙曼(Johann Andreas Naumann,1744—1826)虽然优秀却有限的研究。《约翰·安德烈亚斯·瑙曼的德国鸟类博物志,根据个人经验撰写……由其子约翰·弗里德里希·瑙曼重新编辑出版》(*Johann Andreas Naumanns Naturgeschichte der Vögel Deutschlands, nach eigen Erfahrungen entworfen... aufs Neue herausgegeben von dessen Sohne Johann Friedrich Naumann*,1820—1844)提供了一份德国鸟类的全面说明。克里斯蒂安·路德维希·尼切(Christian Ludwig Nitzsch,1782—1837)致力于细致的解剖研究,在他的帮助下瑙曼的 12 卷著作帮忙建立了德国博物学的新标准。

同一时期,克里斯蒂安·路德维希·布雷姆以细致的观察为基础,出版了德国鸟类在其生境中的鸟类学研究。他的《鸟类学手稿,对几种新发现的以及许多罕见的、不常观察到的德国鸟类的全面描述》(*Beiträge zur Vögelkunde in vollständigen Beschreibungen mehrerer neu entdeckter, und vieler seltener, oder nicht gehörig beobachteter deutscher Vgöel*,1820—1822)激励了整整一代鸟类研究者。布雷姆是一位狂热的博物学家,他和广大的爱好者群体保持通信,并不断地鼓励他们。他甚至还创办了一份期刊以推动鸟类学研究:《鸟类志,或最新和最重要的鸟类学》(*Ornis, oder der Neueste und Wichtigste der Vögelkunde*),不幸的是该期刊只持续出版了三期,尽管如此它仍然启发了那些后来成功的出版物。由于布雷姆增添了大量的新物种名字,造成了巨大的命名混乱,使他的声誉多年以来深受影响,不过他那些丰富而热情的调查研究扩充了鸟类学的经验基础,也吸引了其他人加入这一行列。

在鸟类学研究的三个主要地区(英国、法国、德国)之外,也能发现一些著名的作品。在意大利，佛朗哥·安德烈亚·博内利（Franco Andrea Bonelli，1784—1830）创作了一份皮埃蒙特（Piedmont）的鸟类目录，保罗·萨维（Paolo Savi，1788—1871）记录了托斯卡纳（Tuscany）的鸟类，福尔图纳托·路易吉·纳卡里（Fortunato Luigi Naccari，1793—1860）记录了威尼斯（Venice）的鸟类，吉罗拉莫·卡尔维（Girolamo Calvi）也记录了热那亚（Genoa）的鸟类，这些都是最广为人知的名字。此外，斯堪的纳维亚（Scandinavia）有出版了 2 卷《斯堪的纳维亚动物志》（*Skandinavisk Fauna*）的斯文·尼尔松（Sven Nilsson，1787—1883），还有这一时期最有才华的鸟类学家弗雷德里克·法贝尔（Frederick Faber，1796—1828），不幸的是他在 31 岁英年早逝。除了北部鸟类的精确观察，法贝尔还提出了关于分布、迁徙以及分类的深刻问题。弗里德里希·迈斯纳（Friedrich Meisner，1765—1825）和海因里克·申茨（Heinrich Schinz，1777—1865）的作品包含了瑞士（Switzerland）的鸟类，直到 19 世纪晚期才被维克托·法蒂奥（Victor Fatio，1838—1906）的作品超越。

　　直到 19 世纪 20 年代，针对欧洲鸟类的详细知识才有了许多优秀的开端。然而，在和地方动物志同等重要的外来物种领域里，人们却可以发现 1780 年到 1830 年间最令人印象深刻的鸟类学作品。在某种程度上，这有可能是经验基础本身的体现：我们现在所谓的包含欧洲在内的全北区（Holarctic region）拥有的鸟类种类最少，和其他地区相比令人惊叹（oow-aahs）[①] 的鸟类种类也很缺乏。自从早期探险家带回了鹦鹉和凤头鹦鹉，那些南美、非洲、东亚和澳大利亚的色彩绚丽而且与众不同的鸟类就深深地吸引了欧洲人。英格兰、荷兰和法国的风俗画（genre

33

① "Oow"或"Ahhs"的发音听起来像是看到美好事物时所发出的惊叹，在此"oow-ahhs"这个短语表示非常令人惊讶的标本，如很漂亮、很大或者色彩绚丽的标本等。

painting）都是这种魅力的有力见证。毫不意外，博物类收藏家很珍视这些展品以及任何"新的"或"未知的"标本，即不为欧洲博物学家所知的鸟类标本。一般来说，当时欧洲人还没有理解文化相对性的特点，当然也就没有把这些鸟类视为"异域"、"未命名"或"未知"的地方性观点。布里松和布丰曾经利用过的巴黎收藏拥有丰富的外来物种，这两位博物学家也很渴望从通讯员和旅行者那儿获得尽可能多的信息。布里松和布丰十分幸运，他们可以利用别人的精心收藏和描述，而这些人在这个世界上对鸟类学而言最有趣的地方开展研究工作：马达加斯加和东印度的普瓦夫尔和索纳拉，南美的夏尔－尼古拉·西吉斯贝尔，库克以及他在太平洋和澳大利亚的博物学家。

　　尽管受到革命以及战争破坏的影响，抵达欧洲的外来物种数量仍在不断增加。商人、探险家、殖民者和旅行－博物学家（*voyageurs-naturalistes*）提供了源源不断的新物种，并在 1815 年以后进入了高潮，当时拿破仑战争已经结束，国家也启动了大规模的探险考察活动。比起定居，这个殖民主义新时期更多地以海事、福音教派和商业的利益为标志，暗示了欧洲的商业扩张规模已经深入到世界的偏远角落，而法国、英格兰和荷兰则成为了三大殖民列强。[9]与此同时，伴随这一扩张及其利益的机会也似乎没有止境。

　　外来物种的大量涌入变得如此重要，不只是因为送回来的材料的数量还因为其质量。虽然有少数人如普瓦夫尔、松尼尼和索纳拉对鸟类学家的迫切需求十分敏感，但是一般情况下给予布丰或布里松的材料都是鱼龙混杂的。这些来自远方的材料被随意地收集起来，既是奢侈品贸易的一部分，又是经验科学的一部分。不过 1780 年到 1830 年间，对于那些拥有知识或受过训练的鸟类标本采集者而言，机会开始出现在他们面前。鸟类学材料供应者的这个转变意义重大，因为接下来欧洲博物学家开始有机会获得详细的信息，包括物种、性别差异、季节性变化、生活史（life history）、分布和迁徙等。毫不意外，这些新的采集者大部分都前往了世界上鸟类最丰富的地区：南美、非洲和澳大利亚。

这类采集探险活动的花费偶尔会很庞大，需要采用多种不同的方式来支付。一些爱好者如康拉德·雅各布·特明克（Coenraad Jacob Temminck）的父亲雅各布·特明克（Jacob Temminck，1748—1822）或约翰·岑特里乌斯·冯·霍夫曼泽希伯爵（Count Johann Centurius von Hoffmannsegg，1766—1849）就资助了很多采集者。特明克曾资助弗朗索瓦·勒瓦扬（François Levaillant，1753—1824）开展著名的南非之旅（1781—1784），他带回了 2000 个标本，其中包含大量的新物种。勒瓦扬的这些收藏以及他关于鸟类行为和生境的记录是其著名的《非洲鸟类博物志》（Histoire naturelle des oiseaux d'Afrique，1796—1808）的基础，虽然该书因为大量错误和偶尔过度的想象遭到了质疑，但它仍然是 19 世纪最重要的非洲鸟类学作品之一。[10]冯·霍夫曼泽希和巴伊亚（Bahia）的弗朗西斯科·阿戈什蒂纽·戈梅斯（Francisco Agostinho Gomes，1769—1842）一直保持通信，并从他那儿获得了许多巴西的鸟类标本，除此之外，冯·霍夫曼泽希还为弗里德里希·威廉·西贝尔（Friedrich Wilhelm Sieber，生于 1789 年）添置了设备并把他派往了帕拉（Parà），而西贝尔在亚马逊流域低地持续采集了 11 年，其收获使冯·霍夫曼泽希伯爵的收藏成为德国最著名的收藏之一。[11]还有一些人想亲自去探险和采集。虽然威廉·布西尔（William Burchell，1782—1863）更出名的是他的植物和四足动物发现，但是他在著名的南非探险活动中带回了近 300 种不同的鸟类，而且途中的花费完全由他个人承担，关于这一点他还曾在《南非

35

内陆旅行记》（*Travels in the Interior of Southern Africa*）的第 1 卷告诉了读者。[12]19 世纪 20 年代末期，他前往南美的探险活动同样依靠自筹资金，也非常成功地获得了大量鸟类标本。维德 – 新维德亲王亚历山大·菲利普·马克西米利安（Alexander Philip Maximilian Prince of Wied-Neuwied，1782—1867）和许多同时代的人一样，也利用其政治地位优势在 19 世纪早期前往巴西探险，并在 1815 年到 1817 年间进行了标本采集。[13]他带回来的标本成为了其私人博物馆的核心，后来他还为博物馆添加了他于 19 世纪 30 年代采集到的北美标本。

除了皇室和富有的贵族以外，一些人采用更折中的方式来资助采集旅行。例如，1816 年到 1819 年间，威廉·斯温森（William Swainson，1789—1855）在巴西采集标本，期间他利用各种渠道来增加他的军事补助，同时他还取得了介绍信以获得殖民地的官方接待和合作。他的一生就是一个有趣的示例，囊括了 19 世纪上半叶阻碍人们像博物学家那样谋生的重重困难。人们可以从他的自传[14]和通信[15]中搜集到他的故事：斯温森曾不得不通过写作、绘画以及采集工作来苦心维持他的生存，可是没有一样获得成功，足以为他提供稳定而安全的生活。他也没能获得那些提供给博物学家的极少数职位，比如他曾竞选失败的大英博物馆动物学负责人（Keeper of Zoology）。因此，也难怪他最终会移民新西兰。

比起其他支持，斯温森更希望他的研究工作获得政府或研究机构的支持，不仅是为了经济保障还为了其中隐含的合法性。斯温森曾在其自传式文章中谈及他没能出版的南美游记："我因一种观念而感到沮丧，它认为比起那些政府派出的博物学家的研究，默默无闻者的研究少有人知，有可能还被认为无关紧要。"[16]幸运的是，不是所有年轻有为的博物学家都遭遇了斯温森那样的命运。19 世纪早期，政府和公共研究机构赞助了一些博物学家。比起库克、尼古拉斯·博丹（Nicolas Baudin，1754—1804）以及 19 世纪 20 年代的环球航海活动，这些赞助十分微弱，但是从"成本－效益"来看——使用的是一个词语而不是当时完全不知道的概念，这些钱花得很值。这些精心挑选的人带回了无数标本，既有采集的也有购买的。因为这个原因，所有能够获得政府拨款的公共研究机构都希望拥有合格的野外采集者。至于这种采集方式，在巴黎法国国家自然博物馆工作的教授建立了最重要而且最好的运行模式。1819 年 2 月 3 日，在法国国家自然博物馆的职工大会上，内政部长（Ministre de l' intèrieur）的秘书长（Secrètaire gènèral）告诉该博物馆的教授：有一份 20000 法郎的预算，可以用来创办"一所学校，培养那些打算前往世界各地的年轻博物学家"。[17] 预算总数很快就增长为每年 25000 法郎，可以用于培训、购买设备以及支付约 10 位旅行－博物学家的采集花费。鉴于该博物馆教授的年薪才 5000 法郎（诚然薪酬过低），这份拨款是十分慷慨的。不过，这笔钱也并不丰厚，因为同样的资金只够一位单身汉在巴黎度过一年时髦而不奢侈的生活。申请者从不缺乏。第一年就有 32 份完整的申请档案，其中还包含了该博物馆工作人员给出的面试意见。部分拨款也被用来支付其他更老练的博物学家的花费，还被用来购买标本。[37] 这项计划及其学生的后续活动非常成功，以至于法国国家自然博物馆很快就不再需要培训新人，而这份年度拨款也变成了资助旅行－博物学家并购买标本的常规基金。借助政府的资助，法国国家自然博物馆可以派人到一些地区的野外，只要那儿可以增加它的收藏而且政治环境也允许。于是，各个代表团被分别派往好望角（Cape of Good Hope）、南美、澳大利亚、西非、马达加斯加、北美、印度等地。[18]

　　法国的博物学家基金并不是独一无二的，而且博物馆自己拥有采集者的价值也显而易见。于是，许多国家的政府都愿意资助这种对外来物种标本的追求，这些标本不仅在鸟类学家也在普通公众之间流行，大量脍炙人口的海外游记更是激发了普通公众的想象力。位于维也纳的帝国宫廷珍藏馆（Imperial Court Cabinet）得天独厚，也资助了一些博物学家。其中最引人注目的是约翰·奈特尔（Johann Natterer，1787—1843），他在巴西采集了17年，汇总了一份共有12000个标本的收藏。德国没有最重要的博物馆，但是新的柏林大学（University of Berlin）及其博物馆（创建于1810年）在很大程度上采用了这种模式。普鲁士政府也资助了一些大型探险活动以丰富该博物馆的收藏，如费里德里希·威廉·塞洛（Friedrich Wilhelm Sellow，1789—1831）在南美的探险活动，弗里德里希·威廉·亨普瑞克（Friedrich Wilhelm Hemprich，1796—1824）的探险活动，以及克里斯蒂安·戈特弗里德·埃伦贝格（Christian Gottfried Ehrenberg，1795—1876）在中东和非洲东北部的探险活动。[19]荷兰政府对东印度群岛（East Indies）兴趣浓厚，也探查了其海外属地的博物学。在1815年到1822年间，作为"爪哇（Java）及其周边岛屿的农业、艺术和科学相关事宜的主管"，卡尔·瑞华德（Carl Reinwardt，1773—1854）

38 采集了很多新物种，并把它们赠给了荷兰国家自然博物馆（*Rijksmuseum van Natuurlijke Historie*，1820）。[20]更重要的是，荷兰政府还资助了一群极有才华的采集者，他们被称为"科学委员会"（*Natuurkundige Commissie*），也前往该地区进行探索。该委员会包含了当时最有前途的鸟类学家海因里希·库尔（Heinrich Kuhl，1797—1821）以及约翰·昆拉德·范·哈塞尔特（Johan Coenraad van Hasselt，1797—1823），可惜他们在抵达东印度群岛（1820年）后不久就去世了。不过，在去世前他们就已经从爪哇送回了2000个鸟类标本！1825年，跟随他们之后抵达东印度群岛的人有海因里希·博伊厄（Heinrich Boie，1794—1827）、海因里希·克里斯蒂安·马克罗特（Heinrich Christian Macklot，1799—1832）、萨洛蒙·米勒（Salomon Müller，生于 1804 年）以及艺术家彼得·范·奥尔特（Pieter van Oort，死于 1834 年），其中博伊厄和库尔一样也在抵达后不久就去世了。此后，一直有博物学家在追随他们的脚步，直到 1850 年委员会被解散为止。前文列出的 1825 年抵达的四人当中，只有米勒一人活着回来（1837 年）——带着 6500 张鸟皮和大量骨骼、鸟巢以及鸟蛋。[21] 18 世纪晚期，葡萄牙国王（Portuguese Crown）资助了前往海外领土如巴西、安哥拉（Angola）和莫桑比克（Mozambique）的探险活动。不过，在 1808 年法国占领里斯本（Lisbon）期间，这些带回来的收藏很多都被艾蒂安·若弗鲁瓦·圣-伊莱尔（Etienne Geoffroy Saint-Hilaire，1772—1844）带到了巴黎。[22]

　　如果可能，博物馆也会购买标本。在一个多世纪的时间里，博物学标本虽然销售量很小，却是一种有利可图的贸易，只不过比起严肃的科学尝试，它通常更适合小型的业余博物珍藏馆或奢侈品贸易。随着重要的公共和私人收藏的不断增长（该内容将在下一章讨论），以及世界各地的贸易联系不断加强，尤其是在拿破仑战争之后，对更"严肃的"贸易型博物学家（commercial naturalists）而言，机会出现了。最著名的两位是利德比特（Leadbeater）和韦罗（Verreaux）。在伦敦，从世纪之交开始，本杰明·利德比特（Benjamin Leadbeater）就在大英博物馆附近创建了博物类动物标本公司，为该研究机构以及英国和世界上其他地区的许多重要收藏提供和（或）制备标本。海峡对岸的韦罗商行（Maison Verreaux）提供类似的服务，只不过规模更庞大。1800 年，该公司由皮埃尔—雅克·韦罗（Pierre-Jacques Verreaux）创办。后来，他的三个儿子

皮埃尔-朱尔·韦罗（Pierre-Jules Verreaux, 1807—1873）、让-巴蒂斯特-
爱德华·韦罗（Jean-Baptiste-Edouard Verreaux, 1810—1868）和约瑟夫-
亚历克西斯·韦罗（Joseph-Alexis Verreaux，死于 1868 年）把这个不太
大的公司变成了此中翘楚。他们主要在开普殖民地（Cape Colony）进行
广泛的采集旅行，也在那儿开设了一家分店，向那些前往该地的采集者
（通常只会短暂停留）以及欧洲的收藏家出售货物。稍后在 19 世纪 40 年
代，朱尔还前往了澳大利亚和塔斯马尼亚岛（Tasmania）为法国国家自
然博物馆收集材料。[23]

　　为数众多的博物学家和训练有素的采集者要么在未知世界到处搜索
以获得利益、荣誉或满足寻找新物种的好奇心，要么耐心地观察异域鸟
类的习性、分布和变化，他们都为鸟类学的经验基础作出了重大贡献。
而政府通过直接或间接的赞助以及外交联络来支持这种行为。博物学
家会直接担任一些外交职位如俄罗斯驻里约热内卢（Rio de Janeiro）领
事乔治·亨利屈·冯·朗斯道夫（Georg Heinrich von Langsdorff, 1774—
1852），他在巴西积极采集并担任其他采集者的重要联络员。政府偶尔
也会组织大型探险活动，为博物学家或者承担博物学家职责的个人提供
便利，而他们通常都可以带回来一份重要的收藏。对鸟类学而言，这些
"横财"中最重要的是 18 世纪末和 19 世纪初法国著名环球航海活动中所
获得的收藏。库克的发现之旅激励了 18 世纪晚期的法国。结果就是，拉
佩鲁兹伯爵（Jean François de Galaup, Comte de LaPérouse, 1741—1788）
带着一支庞大的科研队伍，搭乘"星盘号"和"指南针号"（Astrolabe
and the Boussole, 1785—1788）进行考察。这次探险活动并非完全是出
于科学的目的，因为拉佩鲁兹还肩负着寻求某种经济和政治利益的责
任。[24] 1788 年拉佩鲁兹的船只神秘失踪，稍后国会（National Assembly）

派遣了布鲁尼·丹特尔卡斯特克斯（Bruny d'Entrecasteaux，1739—1793）搭乘"探索号"和"希望号"（*Recherche and Espérance*，1791—1794）去寻找他失踪的同胞。尽管他的探险队装备精良，也准备进行一些观察和采集，但是他非常不幸。他死在了海上，稍后他的船只也被扣留在爪哇，在那儿他的收藏被抢走，大部分属下也死于疾病。[25] 在帝国结束之前，尼古拉斯·博丹领导了法国仅有的另一次重要探索，他搭乘的"地理号"和"博物号"（*Gkographie and Naturaliste*，1800—1804）精心配备了科学家、艺术家以及各种仪器设备，而在前往澳大利亚的航海活动中他比较幸运，成功网罗了迄今最庞大的博物学收藏之一。[26] 他带回了912 个鸟类标本，分属 289 个种，其中有 144 个是新物种。[27] 后来，这些鸟类有许多被维埃约（Vieillot）描述在《新博物学词典》（*Nouveau dictionnaire d'histoire naturelle*）第 2 版中。

博丹的探险活动虽然从科学角度来看非常成功，却因为内部冲突而四分五裂。科学工作者和海军人员的激烈斗争导致了一个决议：从此往后，海军舰队上的博物学采集和观察将依赖于医疗人员。[28] 这个政策的转变不仅反映了极其不幸的环境导致的内部裁决，还反映了法国海军（French Navy）越来越职业化，同时大型海军探险活动的重点目标也开始转移。后拿破仑时期的大型航海活动逐渐开展，其视线也转向了政治和商业价值。"因为探索本身、科学、地理知识的扩充以及航海实践而开展的探索活动发挥的作用日渐微弱。"[29] 在欧洲的大部分探险活动中都可以发现和商业利益密切相关的扩张政策。尽管如此，由于几位专业医疗人员的努力，法国的大型航海活动也带回了大规模的收藏。可是，航海活动的科学内容明显变得次要。在"科基尔号"（*Coquille*）考察报告的动物学部分，勒内·莱松（René Lesson，1794—1849）和普罗斯珀·加

41

尔诺（Prosper Garnot，1794—1838）甚至觉得有必要告知读者："我们必须再多说几句，虽然我们的收集非常丰富，但这都是我们利用个人资源所得，并没有动用探险活动的任何经费。"[30] 可以肯定的是，这种奉献精神得到了科学界的大力赞赏。阿拉戈（Arago）在法国科学院做的报告中说道：

在外科医生让－勒内－康斯坦特·槐奥（Jean-Rene-Constant Quoy）和盖马尔（Gaimard）的努力下，探险活动带回了大量极为罕见的物品，在当时这些都是皇家植物园的法国国家自然博物馆所缺少的收藏，因而该博物馆不仅变得内容丰富，还获得了相当多的全新物种。此外，这两位旅行者的热情也值得最热烈的赞扬，因为他们并不是职业的博物学家，在研究中也只能运用大体上包括动物学的一般教育知识。他们拥有不知疲倦的热情，在"乌拉尼亚号"（Uranie）的药剂师戈迪绍（M. Gaudichaud）的帮助下亲自处理收集到的动物，他们还很高尚无私，把航海活动中获得的大量珍品送给了法国国家自然博物馆。[31]

就鸟类学数据而言，19 世纪 20 年代最重要的法国航海活动有路易·德·弗雷西内（Louis de Freycinet）搭乘"乌拉尼亚号"和"物理学家号"（*Uranie and Physicienne*，1817—1820）的探险活动（槐奥和盖马尔收集材料），迪佩雷（Duperrey）搭乘"科基尔号"（*Coquille*，1822—1825）的探险活动（莱松和加尔诺收集材料），亚森特·布干维尔（Hyacinthe Bougainville）搭乘"忒提斯号"和"希望号"（*Thétis and Espérance*，1824—1826）的探险活动（比瑟伊［Busseuil］收集材料，莱松记录），以及朱尔·迪蒙·迪维尔（J. Dumont d'Urville）搭乘"星盘号"（*Astrolabe*，1826—1829）的探险活动（槐奥和盖马尔收集材料）。

虽然 19 世纪 20 年代的重要航海活动都是法国的，但是英国人也没有闲着，只不过他们在 19 世纪 30 年代的海外探索更加出名。其中对鸟类学意义重大的探险活动有弗雷德里克·威廉·比奇（Frederick William Beechey）搭乘"繁花号"（*Blossom*，1825—1828）的探险活动，亨利·索尔特（Henry Salt）在埃塞俄比亚（Ethiopia）的陆地探险活动（1809—1810），以及约翰·富兰克林（John Franklin）前往新大陆极北地区（Far North of the New World）的两次探险活动（1819—1822，1825—1827），而这两次都由约翰·理查森（John Richardson）随行并收集材料。

42

在 18 世纪，主要的异域材料都是由欧洲博物学家从殖民地居民或前往殖民地的旅行者手中获得。18 世纪末和 19 世纪初，训练有素的采集者和大规模探险活动中的博物学家迅速超越了这些殖民地供应者。不过，殖民地仍然在很大程度上推动着鸟类学信息的增长。殖民地（或前殖民地，如美国）居民也完成了优秀的研究工作，有时还和欧洲完成的区域性动物研究工作一样杰出，而不只是异域材料的收集。到 18 世纪末和 19 世纪初，一些殖民地已经定居了 100 多年，在此期间也一直是研究的对象。[32] 于是，可以毫不意外地发现，殖民地的博物学家除了提供标本，也开始作出独创的贡献。比如，北美的亚历山大·威尔逊（Alexander Wilson，1766—1813）和约翰·詹姆斯·奥杜邦（John James Audubon，1785—1851）的作品为北美大陆的鸟类知识和图像记录作出了重大贡献。威尔逊的 9 卷《美洲鸟类学》（*American Ornithology*，1808—1814）不仅描述了 39 种新的鸟类，把另外 23 种一直混淆的鸟类和欧洲种区分开，还为美洲鸟类博物学的原始观察提供了丰富资源。奥杜邦的豪华版《美国鸟类》（*The Birds of America*，1826—1838）是一件艺术作品，与法国、英格兰和德国的杰出鸟类艺术书籍齐名。

像威尔逊或奥杜邦这样的个体，虽然重要却很少见。更多的鸟类信息来源于爱好者，他们与大型贸易公司和（或）殖民地军事机构有关，尤其是大英帝国和荷兰帝国。1801 年，东印度公司（East India Company）在伦敦建立了博物馆，其中动物部分包含了……该科学各个分支的标本，它们来自东印度公司的东方属地，由公职人员或绅士当作礼物献给尊敬的董事会（Honorable Court of Directors），前者是跟随代替印度政府的使团和代表团（Missions and Deputations）的博物学家，后者是从事民事和军事工作的绅士。[33]

正好在东印度公司解散前不久，即 19 世纪中期，托马斯·霍斯菲尔德（Thomas Honsfield）完成了该博物馆的鸟类学收藏目录。它记录了该博物馆的各个贡献者，还展示了来自锡兰（Ceylon）、印度、苏门答腊（Sumatra）、爪哇以及暹罗（Siam）的收藏，这些地方现在被称为印度支那（Indochina）、喜马拉雅（Himalayas）等等。其中的一些收藏非常可观。例如，韦尔斯利侯爵（Marquis Wellesley，1760—1842）赠给了东印度公司 2640 张博物学图画。他还鼓励他人进行收集。在担任威廉堡总督（Governor General of Fort William，1798—1804）期间，他发表了如下备忘录（minute）①：

关于印度大陆和印度群岛的某些博物学分支，欧洲至今获得的知识

---

① 在此"minute"指包含建议等在内的简短记录，通常用于管理层之间。

都还不足。过去的 20 年里，虽然对亚洲该地区的习俗、生产以及文物相关的科学调查取得了实质性进展，但是大部分该国最常见的四足动物和鸟类要么完全不为欧洲博物学家所知，要么只有不完整和不准确的记录。

印度拥有像动物界主体部分所描述的那样广泛的研究对象，因此对这个重要的印度博物学分支进行插图和改善值得英国东印度公司的慷慨解囊，也一定可以为这个世界呈现出令人满意的作品。

由于这个令人兴奋的现状，驻印度的英国政府应当承担这个任务，促进并推动所有可能扩展常规科学边界的调查，只不过我们需要采用更特殊的方式来完成这项任务，为有用知识的公共储备增添材料而又不涉及大量花费。

考虑到我们当前拥有的可以用来收集印度各地准确信息的设施，总督满怀信心地劝说道：在相对较短的时间里，该地区的博物学有可能发生大幅度的改进和拓展，而且不需要任何消耗公共资源的材料。不过，这个令人向往的目标有可能永远不会实现，除非那些胜任该工作的公职人员承担起收集信息、提炼并发表研究结果的任务。基于这些考虑，总督思考了一段时间，决定选择一位熟悉博物学的人，雇用他来推动该有用科学在英国的亚洲属地的发展。

弗朗西斯·布坎南博士（Dr. Francis Buchanan）的知识、学问和已有习惯都使他足以胜任这项工作，因而总督建议派遣布坎南博士在英国政府管辖的印度省份收集材料，以获得所有最引人注目的四足动物和鸟类的准确记录，如果条件允许，他也可以把调查范围扩大到这个大陆的其他地区和邻近岛屿。

为协助布坎南博士完成任务，总督在巴拉克普尔（Barrackpore）

组建了一个机构，用于保存布坎南博士收集到的四足动物和鸟类标本，直到它们被一丝不苟地描述和绘制，而这种对微末差别的关注从根本上来讲是博物学家完成目标所必需的。

总督建议，对辖区每个固定驻地的民事和军事长官下达指示文件，要求他们命令治下的医疗人员联系布坎南博士以商讨该主题的研究，并快速、准确地回复布坎南博士的信件。那些民事和军事长官被进一步要求授权给那些医疗人员，使其可以向他们治下的所有政府官员（无论是欧洲的还是当地的）寻求帮助和信息。此外，还要求那些长官给治下所有为政府服务的雇员下达命令：在医疗人员获取所需要的动物时提供必要的协助，并将附近大智者知道的关于博物学的最准确信息告诉他们，以及提供诸如把动物运往总督府所必需的协助。

总督建议，请尊敬的圣乔治堡议会长（Governor in Council）、尊敬的孟买议会长、英属锡兰岛的总督阁下以及威尔斯亲王岛（Prince of Wales's Island）的副总督下达命令，让治下合适的人员联系布坎南博士，并在他们的权限范围内为开展研究的布坎南博士提供所有可行的协助，类似的命令也被送往了马六甲（Malacca）和明古连（Bencoolen）①……

总督建议，对于那些有可能采集到的动物标本，布坎南博士可以完成各个博物学主题的观察以及每个主题的图画，并在每个季度送一份给尊敬的董事会，也请尊敬的董事以最合适的方式管理这部作品的出版。[34]

---

① 现名为明古鲁，位于印尼的苏门答腊岛上，但在英国占领期间被称为明古连。

尽管这个特殊公告带来的结果不如推动它的热情那么令人印象深刻，但它确实反映了许多重要英国殖民者的态度，即使他们往往不能得到伦敦博物学家的充分认可。[35] 一些东印度公司的成员，如托马斯·哈德威克少将（Major General Thomas Hardwicke，1755—1835）把他的标本和图画收藏捐给了东印度公司的博物馆和其他研究机构：林奈学会、动物学会（Zoological Society）、大英博物馆以及加尔各答亚洲学会的博物馆（Museum of the Asiatic Society at Calcutta）。其中，动物图画是哈德威克带回来的最宝贵的财富之一。这份收藏和其他来自亚洲的收藏一样，也相当重要，因为从该地区带回来的标本普遍保存得不好，很快就损坏了。于是，很多种类的判定都建立在哈德威克的图画上。

虽然英国、荷兰和法国是 18 世纪末和 19 世纪初最重要的殖民力量，但是它们并没有垄断采集。而古老的西班牙和葡萄牙帝国虽然越来越死气沉沉 ①，主要依赖于那些获得许可从而进入其殖民地的外国采集者，但也不是所有的研究工作都由外国人完成。比如，西班牙军事工程师费利克斯·德·阿萨拉（Félix de Azara，1746—1821）曾在南美驻扎了 20 年，回国后就出版了《巴拉圭和拉普拉塔河的博物学笔记》（*Apuntamientos para la historia natural de las Paxaros del Paraguary y Rio de la Plata*，1802—1805），其中包含了丰富的博物学原始观察，并在整个 19 世纪发挥了重要作用（主要是松尼尼的 1809 年法文译本）。[36] 国际宗教组织如耶稣会会士（Jesuit）[37] 也在收集材料，并出版了南美以及其他遥远国度的动物研究。最著名的是意大利耶稣会会士乔瓦尼·伊尼亚齐奥·莫利纳（Giovanni Ignazio Molina，1740—1829），他在智利居住多

①　西班牙和葡萄牙对其殖民地的探索相对较少，也反对外国人前往探险，因此比起其他国家的殖民地，已知信息相对较少，博物学相关的信息更是鲜为人知。

年，最终出版了重要的《智利博物学评论》（*Saggio sulla Storia naturale del Chili*，1782）。

1780 到 1830 年明显是一个特殊的时期，在此期间鸟类学的经验基础在数量上急剧增加，质量也显著提高。欧洲人不断创作本土和地方动物志，这是前专业（specialized）期刊时代描述新物种的主要场所，也是区分之前混乱的描述或命名的主要场所。这些早期的动物志也为 19 世纪后来完成的大量区域性研究作品奠定了基础，并提供许多图像记录。重要的收藏家资助探险队前往世界上更偏远的地区以便带回各种珍品，一些富有的和（或）事业有成的博物学家也亲自前往探索。法国和荷兰政府资助了致力于博物学研究的大型活动，从较小的范围来看欧洲德语区的皇室也是如此。英国更依赖于它的博物学爱好者，主要通过帝国殖民来丰富其收藏。偶尔的意外收获，如那些来自法国环球航海活动的收获也使收藏更加丰富。

对于这些新的经验基础，人们可以得出什么概括？大多数情况下，它是由鸟皮组成的。这一时期的重要收藏家仍然试图把他们的标本支撑起来，不过需要处理的标本却数不胜数，研究机构如法国国家自然博物馆在支撑鸟皮时也感到深深的绝望。同样，私人收藏家如布西尔也经常会有密封的、未经检查的箱子。[38] 事实上，收集到的大部分材料，尤其是 19 世纪 20 年代的材料（如法国的航海活动），在超过 10 年的时间里都无法描述完。除了鸟皮，很多情况下图画和描述也是呈现数据的一种形式。对于那些来自印度和东方（Orient）的材料，或者博物学家如阿萨拉的材料（他没有也无法把重要的标本收藏带回来），这种形式尤其重要。

不过，对鸟类学而言远远不止是外部形态。如果可能，人们尤其是法国的博物学家都会尽量获得骨骼。法国国家自然博物馆对比较解剖学的认可促使他们建立了一份重要的骨骼收藏。[39] 同样，约翰·亨特（John Hunter，1728—1793）也建立了一份很好的鸟类骨骼收藏，并在他的博物馆中展出，最终这份收藏被赠给了伦敦皇家外科学院（Royal College of Surgeons of London）。[40] 相比之下，数据中缺乏分布、迁徙和行为的信息。现存的这类信息大部分是关于欧洲地区的动物，主要是法贝尔和怀特这类人的杰作。其中和野外观察相关的有偶尔出现的鸟蛋、鸟巢收集或描述。虽然一些异域材料的采集者和欧洲本土动物志的作者一样，也对鸟类的博物学感兴趣，但是他们的研究工作遗失在成千上万的标本海洋中，这些标本虽然被一箱一箱地送回欧洲，却只包含了最少的信息。

如果人们广泛阅读 1780 年到 1830 年间印刷的文献，就能发现除此之外还有许多其他的鸟类观察：对家禽繁殖的广泛讨论，对客厅装饰鸟类的愉悦观察，一些深入的比较解剖学以及一些基本的生理学。不过人们必须牢记的是，这些"其他"数据并不被认为属于鸟类学领域，事实上它们的关注点也在其他地方：实用的农学问题、普通生理学的规律、比较解剖学的法则等等。[41] 于是，布丰和布里松给出的鸟类学定义已经"生效"。当我们讨论这个时期创作的鸟类学作品的性质时，这一点将更加明显。不过，在此之前有必要考察一下，那些被视为鸟类学数据的材料是如何安置的，即鸟类学收藏的发展。

48

# 第 4 章
## 新数据的集中地：收藏（1786—1830）

　　这半个世纪见证了鸟类学数据的大量涌入，也见证了博物学收藏的相应转变。直到 18 世纪 90 年代末，这些收藏仍然和它们过去近百年一样，也就是说属于业余博物珍藏馆的传统。它们是博物类物品的综合收藏：贝壳、昆虫、矿物、少量四足动物和一些鸟类，也往往是更大的艺术品、文物和书籍等综合收藏的一部分。[1]收藏所有者一般不是博物学家，他或她不会发表任何东西，除了偶尔的目录，通常也是销售目录。[2]因此，博物珍藏馆的概念更多地用于收藏家而不是学者，结果就是审美的考虑和科学的考虑同等重要。[3]对展示的高度重视也反映了这些对审美的关注。例如，安托万－约瑟夫·德扎利耶·达尔让维尔（Antoine-Joseph Dezallier d'Argenville）关于贝壳的畅销书第 3 版，以及同一时期博物学收藏的重要信息源都提出了如下建议：

那些拥有大量鸟类标本的人可以采用一种迷人的方式展示它们，他们可以把鸟类标本放在漆成绿色的人造树枝上，再把人造树放到洞穴状壁龛的背面，旁边会有一个小型喷泉，其中的水不是来自于泉水，而是水泵或放在屋顶收集雨水的小型铅水箱。[4]

这种设计不是天马行空。达尔让维尔自己就有一个著名的珍藏馆，1763 年彼得·西蒙·帕拉斯（Peter Simon Pallas，1741—1811）写信给狂热的收藏家以马内利·门德斯·达·科斯塔（Emmanual Mendez da Costa，1737—1787）时，还对这个珍藏馆进行了描述："达尔让维尔的博物馆中有一些大树，树叶由铁片做成，树枝上放满了填充的鸟类标本。而覆盖树根的芦苇丛中全是蟾蜍、蜥蜴……" [5]

50

帕拉斯在信中继续讲述他对巴黎收藏的整体观察：

现在，收集自然珍品已经流行到了一定程度，以至于没有收藏的人会被认为缺乏品位（du bon ton）。一些珍藏馆的装饰比珍品本身更昂贵，还钟情于奇特（或古怪）的品位……以至于这些收藏看起来更像是拉瑞秀（Rary-shows）[①]，而没有任何科学性。[6]

事实上，博物珍藏馆被视为城市景观的一部分，它们非常重要以至于被纳入到"壮游"（grand tour）[②]活动中。蒂埃里（Thiéry）的《外国游客和文化爱好者的巴黎参观指南》（*Guide des amateurs et des étranges*

---

① 拉瑞秀一般指缴费以后才可以进入的公众展览，展览中包括各种罕见的、与众不同的或异域的动物。在此特指那些没有内涵的动物，它们常常使那些没有接受过教育的人感到惊讶，比如两个头的小牛。

② "壮游"是一种欧洲的传统旅行，欧洲上层阶级的年轻人通过这种游历丰富自己。

*voyageurs a Paris*，1787）是最著名的巴黎指南之一，罗列了 45 个值得关注的博物珍藏馆。

私人博物珍藏馆一般需要介绍或熟人引荐才能进入。不过，一些博物馆也对公众收费开放。它们要么是盈利的企业，要么属于那些收藏热情超出平均值的个人所有。阿什顿·利弗爵士（Sir Ashton Lever，1729—1788）的博物馆是后一种情况中最有名的，在一段时间里也相当受欢迎，馆内的各种珍品之间摆放了成千上万的鸟类标本，其中有很多非常罕见。作为该时期博物馆的典型，它强调异国情调，虽然没有低级到"拉瑞秀"的层次，但也没有满足严肃博物学家的需求。[7]达布利夫人（Madam D' Arblay）曾在她的日记中记录如下：

> 1782 年，12 月 31 日，星期二。今天早上，我和我亲爱的父亲前往约翰·阿什顿·利弗爵士的博物馆，虽然我们不得不在那儿帮忙，但也十分享受。阿什顿爵士过来告诉我们有一个很好的活动。他可能是令人钦佩的自然主义者（natural*ist*），不过我认为在其他情况下就算你把"者"（*ist*）去掉，也不会错太多。他看起来已经年满六十岁，可他不仅让两个年轻人也让自己身穿绿色夹克，戴上有绿色羽毛的圆帽子，一手拿一捆箭，一手拿一张弓，装扮得就像森林原住民一样。他开心得手舞足蹈，而那些穿着同样装束的年轻小丑则在花园里不停地来回奔跑，每当有宾客出现在窗口时，他们就会仔细谋划以射中这些目标。[8]

19 世纪早期，威廉·布洛克（William Bullock）在伦敦的私人博物馆和利弗的博物馆不同，除了为公众提供娱乐，它还认真努力地提供指导。不同于伦敦河岸街（Strand）埃克塞特交易所（Exeter Change）的"野兽表演"和古怪的利弗收藏，布洛克小心翼翼地为标本贴上标签，并采用科学的方式进行展示。威廉·杰登（William Jerdan）在《我认识的人》（*Men I have Known*，1866）中回忆了布洛克博物馆的开放情况：

> 在那天之前，还没有任何一个这种博物馆……在那段日子里，大英博物馆并不是受欢迎的旅游地点。位于黑衣修士桥街（Blackfriars Bridge Road）的利弗博物馆（Leverian Museum）是一个极奇异类的混合体，它包含了缺乏秩序和分类的填充动物标本，以及来自太平洋或其他地区如亚洲、非洲或拉丁美洲的原始服装、武器和产品，当然这些珍品都是热爱冒险的航海探险家和探索旅行者收集到的。考察利弗博物馆可能会获得少量不连贯的事实，但是作为一种扎实的或持久的教学手段，其五花八门且漫无目的的特点使它毫无用处。而布洛克先生的收藏恰恰相反，它们被保存得很好，也进行了科学的排列。在最初的地方试验了三四年以后，这份收藏被转移到为了容纳它而修建的埃及展厅（Egyptian Hall），于是总共有不少于32000个动物界的物品被巧妙地组合起来，并在室内进行适当的展示。这份个人收藏是如此庞大而奇妙的宝藏，它彻底震惊了这座城市，而观众也很快就开始利用它的教学优势……在一个活动范围内，人们可以看到栩栩如生的四足动物，就好像它们是出现在一片真正的印度森林中，有岩石、洞穴、树木以及其他适合它们的习性和栖息地的附属物。在另一个方向，3000个鸟类标本采用了类似的准确方式进行放置，还搭配了精挑细选的配件，从而提供它们的运

动、食物和觅食方式的充分想象①以及每种鸟类被描述的特征。[9]

因此，布洛克的博物馆不仅和 1800 年以前的博物学收藏的一般模

52 式完全不同，还充分反映了其中的差别。当然这并不是说，1800 年以前没有严肃的收藏。马默杜克·滕斯托尔（Marmaduke Tunstall，1743—1790）曾收集了一份重要的鸟类收藏，并在 18 世纪 70 年代利用它来创作了一份英国鸟类名录即《不列颠鸟类学》（*Ornithologia Britanica*，1771）。[10] 同样，瑙曼的收藏以及帕拉斯和约翰·莱瑟姆（John Latham，1740—1837）的收藏都很严肃，也被用来开展科学研究。不过，它们只构成了那一时期的博物学收藏的一小部分。

在 19 世纪前 30 年里，这一小部分收藏急剧增长，很快就超过了其他部分。皇家植物园在 1793 年改组后更名为法国国家自然博物馆，它的收藏在当时最突出，也是许多收藏的典范。布丰曾经试图把它打造为当时最大的鸟类收藏。他的继任者也为此奋斗，而且成效卓著。[11] 法国国家自然博物馆变成了重要的贮藏室，接收了各种礼物、政府探险活动带回来的收藏以及赠给国家的遗产。该博物馆的教授也沿用布丰的方法，通过任命"通讯员"②来鼓励外国人和殖民者送回材料。[12] 革命期间，因为地方公共研究机构的合并或分散，流亡人士（emigré）的收藏被转移到法国国家自然博物馆，同时"新辟疆土的科学和艺术收藏委员会"（*commissaires pour la recherche des objects de science et d'art dans les pays conquis*）也把许多重要收藏当作战利品带回了法国，其中包括荷兰省督（Stadtholder）的豪华珍藏馆，[13] 它拥有大量新的或罕见的来自荷兰殖民

---

① 比如在翠鸟的喙中放条假鱼来展示捕鱼过程，这类展示包含了很多生活习性的信息。

② 此处指前文提及的"皇家珍藏馆通讯员"，它是布丰提出的一种荣誉称号。

地的外来物种。[14] 由于一系列讲座以及深受欢迎的动物园（menageries），法国国家自然博物馆不仅提升了公众对博物学的审美能力，还加强了公众对博物学的兴趣，因而获得了大量的官方资助。而政府提供给旅行-博物学家的年度拨款只是该博物馆享有的资助中的一种。

法国国家自然博物馆不仅继续扩大其鸟类收藏，还对馆藏进行整 53 顿。在布丰的管理下收集到的那些收藏已经渐渐腐烂。虽然其中最引人注目的那一部分已经被支撑起来，也被放置妥当并进行了展示，但是大多数仍然装在箱子里，遭到害虫的啃食。在艾蒂安·若弗鲁瓦·圣-伊莱尔的有效管理下，法国国家自然博物馆修复并扩充了这份收藏。到 1809年，他汇报道：鸟类收藏已经从 463 种（1793 年）增加到 3411 种。[15] 这些收藏包括：博丹从澳大利亚带回来的标本，若弗鲁瓦陪同拿破仑前往埃及的探险途中采集到的鸟类标本，还有他在里斯本被征服后出使该国所获得的令人瞩目的外来物种收藏，荷兰省督的收藏，以及 600 多个来自通讯员的标本。

法国国家自然博物馆不仅继续接收新标本，还让它的员工制备这些标本以便展示。[16] 路易·迪弗雷纳（Louis Dufresne,1752—1832）[17] 在"星盘号"上开启了他作为博物学家的职业生涯（幸运的是他提前返回了，否则他的职业生涯将在那趟不幸的航海活动中结束），并在 1793 年被任命为助理博物学家（aide-naturaliste）。他是那个世纪最著名的动物标本剥制师之一，一部分是因为他富有品位的展示，还有一部分是因为他关于这个主题的出版物。18 世纪鸟类收藏的最大威胁是害虫，就像瑞欧莫在 18 世纪中期早已明确指出的那样。瑞欧莫虽然试验了大量物质，但是到最后也没有成功找到有效的防腐剂，只能依赖于定期的硫磺熏蒸。[18] 布丰也依赖于硫磺熏蒸，虽然这种方法让支撑起来的鸟类标本成功避免了害虫的吞食，但是这是以破坏标本为代价实现的。正是因为这种破坏，在 18 世纪晚期若弗鲁瓦不得不替换大部分的收藏。来自"布丰收藏"的标本只有极少数保存至今。最终，保护鸟类标本免遭害虫吞食的难题被让－巴蒂斯特·贝科尔（Jean-Baptiste Bécoeur，1718—1777）解决了 [19]，他是梅斯（Metz）的一名药剂师，拥有一份杰出的鸟类收藏。贝科尔发明了一种含砷肥皂，可以保护鸟皮而不造成破坏。尽管贝科尔生前对配方保密，希望可以从中获得经济利益，但是不知为何这个配方辗转到了法国国家自然博物馆，成为了制作标本的公认方法。迪弗雷纳一直积极推广这种含砷肥皂，先是在一篇关于剥制术的文章中，后来又在一份单独出版的摘要（1820 年）中，前者是他为《新博物学词典》（1803—1804）写的文章，后者来自扩展的《新博物学词典》第 2 版（1816—1819）①。使用含砷肥皂可以很好地清洁鸟皮，为防治害虫提供了有效保护。此外，迪弗雷纳还很仔细地为每个标本贴上标签。然而不幸的是，迪弗雷纳和同时代的所有人一样也把鸟皮支撑起来，于是长年累月的空气、光照、高温和灰尘都对它们造成了破坏。

虽然法国国家自然博物馆没有一位常驻的鸟类学家，但是它的收藏排列得很好，通常也很容易查看。法国以及其他国家的博物学家都利用它来描述新物种，撰写专著、鸟类名录等等。正是因为容易查看，加之收藏范围也很广泛，法国国家自然博物馆成为了鸟类学的重要中心和其他博物馆的评判标准。[20]

法国国家自然博物馆拥有 6000 多个（共计 2300 种）状态良好的鸟类标本，以当时的标准来看它的鸟类收藏不仅数量庞大、容易查看，[21]

---

① 原文为 *"Nouveau dictionnaire (1816-1819)"*，和作者核实后确认为 *"Nouveau dictionnaire d'histoire naturelle (1803-1804)"* 第 2 版。文中还有很多次提到书名都采用了简写方式。

还是一份持久稳定的收藏。在这个意义上，法国国家自然博物馆和 18
世纪的大多数收藏形成了鲜明对比，后者属于私人所有，往往面临着安
置、通常也是分散标本的迫切问题。以利弗收藏为例，由于没能获得经
济上的成功，在多次寻求公共资助或私人赞助失败之后，利弗提出把它
卖给国家的政府部门。大英博物馆显然是最适合这份收藏的贮藏室，但　55
是它已经过于拥挤，因而政府对这笔交易毫无热情。达·科斯塔曾在一
封信中相当讥讽地指出：

> 考虑到……阿什顿·利弗爵士因其值得称赞的事业而获得的奖励体
> 现了英格兰的荣誉，我的意思［？］①是英格兰贵族和绅士很少支持
> 英格兰品格和科学，他们一心一意地把支持和奖励浪费在那些外国
> （或法国，如果你乐于如此理解）妓女和花花公子身上，使其中的
> 很多人一天就能获得大量奖励，超过了阿什顿爵士或者任何热爱科
> 学或无私的英格兰人终其一生所能得到的。22

利弗决定用抽奖的方式来出售他的全部收藏。23 中奖者詹姆斯·帕金森先
生（Mr. James Parkinson）是一位牙医，他只用了 1 几尼（guinea）②就
买到了这张中奖彩票（这是售出的 8000 张彩票中的一张，利弗共发行了
36000 张彩票，剩下的 28000 张仍在利弗手中！），可惜他也没能让博物
馆变得盈利，只好在 1806 年再次将其出售。这次销售24 持续了两个月，

---

① 由于本段引文来自未出版的手稿，因此作者猜测［？］之前的单词为"meaning"，不
　过并不十分确定。
② 几尼，又称畿尼，是英格兰王国以及后来的大英帝国及联合王国在 1663 年至 1813
　年发行的货币。原先等值于 1 英磅，亦等值于 20 先令，但在 1717 年至 1816 年间等
　值于 21 先令。

一共包含了 7879 个标本。其中，有 200 多个鸟类标本被买走并纳入了维也纳的帝国收藏（Imperial Collection）。[25] 此外，主要的买家还有布洛克、斯温森、斯坦利勋爵（Lord Stanley）① 和莱瑟姆。于是，著名的利弗收藏分散各地，其中还包含了很多库克带回来的材料。13 年以后，布洛克也通过公开拍卖出售他的博物馆。[26] 所有重要的公共和私人收藏代表都参加了这次长达一个月的销售活动，因而这些材料流向了莱顿、巴黎、维也纳、柏林和爱丁堡，也到了一些经销商和小型收藏家的手中。

　　尽管欧洲的博物学家迅速抓住了这个机会，在公开拍卖中获得了稀有的鸟类标本，可是眼睁睁地看着重要收藏分散各地也让他们十分困扰。之所以如此，主要是因为这些收藏的科学价值，以及把模式标本放在已知的固定地点的价值。对于每一个撰写地方动物志、鸟类名录、专著或综合性著作的人而言，大型收藏是必不可少的。除非他有办法大范围地旅行，否则在一些著名的、不太远的地方有一份容易查看的持久收藏，就有巨大的实用价值。我们已经看到布里松在瑞欧莫的收藏被剥夺时所遭遇的事情。对于那些无法自己收集到大型收藏的博物学家而言，时而发生的重要收藏的解体使他们很难（如果不是不可能的话）去思考任何广泛的鸟类学作品，同样棘手的还有追踪或检查那些以特定收藏为基础的作品。可以想象一下，有一位年轻有为的欧洲鸟类学家，他曾前往伦敦考察过布洛克的博物馆，当他看到这段来自布洛克的销售目录的引文时，他会感到多么凄凉：

　　　　在一场旷日持久的战争中，这个国家几乎完全控制了海洋，这使它

---

①　斯坦利勋爵的全名为爱德华·史密斯·斯坦利，是第十三代德比伯爵（Edward Smith Stanley, 13th Earl of Derby, 1775—1851）。

成功填满了来自世界各地的标本，这些标本是博物学这一分支中最新奇和最特别的，它们通常集中存放在本博物馆中，成为其广泛吸引力的重要部分。这里有成千上万的鸟类不为欧洲博物学家所知（主要是因为我们曾提到的战争海事性质），在林奈的分类中也没有发现它们的名字。[27]

也许更重要的是模式标本的流失。[28]开启的区域性详细研究和大量涌入的异域材料都在关注新物种，人们也利用特定的标本来命名新物种，因而很快就察觉到准确鉴定这类标本的重要性。因为模式标本是日后复查的参考材料，所以它们被小心翼翼地贴上标签，成为收藏中的珍品。可是，收藏的解体严重阻碍了核对模式标本的过程。在《鸟类综述》（*A General Synopsis of Birds*，1781—1785）中，约翰·莱瑟姆为他的大部分描述仔细标明了收藏情况，但是在《鸟类综合志》（*A General History of Birds*，1821）中，他只能黯然地以下述评论为其作品写序：

> 多数情况下都会发现，那些据说放在各个珍藏馆的鸟类标本现在已 57
> 经不存在了——不过，应当还记得从我首次动笔写《鸟类综述》之
> 后的很长一段时间里，利弗博物馆都处于全面的保护中。很多物品
> 已经在渐渐地腐烂，如大英博物馆的收藏。当时在布洛克先生的珍
> 贵收藏中，有一批为数众多且精挑细选的物品，现在却分散各地。
> 因此，读者不得不依赖于作者以获得仅有的描述。[29]

法国国家自然博物馆体现了持久稳定的公共收藏的价值，也成为了同类比较的标准。例如，整个 19 世纪上半叶，大英博物馆都不如法国

国家自然博物馆。大英博物馆的所在地蒙塔古大楼（Montagu House）早在 1759 年就已经对公众开放，并持续到了 1830 年，但是比起更公开的法国国家自然博物馆，大英博物馆更像波特兰收藏（Portland Collection）或其他 18 世纪大贵族的收藏。大英博物馆的鸟类收藏没有得到很好的保护和充分的利用。它以非常缓慢的速度发展，还主要依赖于赠送的礼物。由于缺乏空间，大英博物馆无法接收任何重要的增添如利弗或布洛克的收藏，这个问题显然是政府不愿购买那两个私人博物馆馆藏的主要原因。害虫损坏了大英博物馆的许多收藏，因而毫不奇怪，海军本部（Admiralty）和其他获取标本的潜在来源都不愿意作出贡献，而这个不幸的传统持续的时间比它实际所需要的更长。这并不是说，收藏是无关紧要的。[30] 重要的拍卖活动（如布洛克的）中购买的标本和 1816 年政府购买的蒙塔古收藏，一起使大英博物馆拥有了或多或少算是完整的一系列英国鸟类标本。莱瑟姆的作品大量引用了大英博物馆的标本，由此可知这份收藏已经相当重要了。可是在 19 世纪前 30 年里，它和法国的国家收藏完全没有可比性。1830 年，部分鸟类收藏从蒙塔古大楼转移到附

58　近新修的漂亮古典建筑中，这次转移开启了一个过程，借此大英博物馆最终成为了英国的国家收藏，可以和法国的相提并论。不过，那将是很多年以后的事情。到 1835 年，国会的《特别委员会关于大英博物馆的状况、管理和事务报告》(Report from the Select Committee on the Condition, Management and Affairs of the British Museum) 包含了许多证据，提到了大英博物馆如何才能成为重要的国家博物馆，而法国国家自然博物馆作为组建这类博物馆的范例被反复提及。更重要的方面是，该报告指出了由那些"在其科学分支中表现出色"的个人维护收藏的重要性，[31] 既可以妥善地照顾这些收藏（保存、贴标签、分类），还可以激励那些捐赠者，

让他们把收藏放在值得信赖的研究机构中。法国国家自然博物馆还在其他方面发挥了重要作用：把动物学部门（Zoology Department）改组为几个独立部分的听证会，最重要的国家博物馆和小型收藏之间的关系，把所有政府采集到的标本放在国家收藏中的优势，以及雇用"旅行－博物学家"的价值。[32]

19 世纪的整体趋势是，各个收藏合并为几个最重要的公共博物馆如法国国家自然博物馆。不过，公共和私人收藏的迅速增长也在一定程度上阻碍这种趋势，因而这一过程在 1830 年以后变得更加明显。

在 19 世纪上半叶的英国，公司收藏和研究型学会收藏的建立尤其重要，因为它们是数据财富的主要集中地，而这些数据还在源源不断地抵达。最终，在大英博物馆真正成为国家博物馆之后，这些收藏中的大部分也都纳入了其中。比如，在 19 世纪的前几十年里，东印度公司拥有英国最重要的收藏之一，它实际上也是一个独立的政府部门。1801 年，它建立了向公众开放的博物馆，并收集了一份重要的鸟类收藏，而托马斯·霍斯菲尔德曾对这份收藏进行编目，他同时还担任该博物馆的管理者，一直到东印度公司解散并把收藏移交给大英博物馆。[33]19 世纪 20 年代中期动物学会也开始发展其收藏，这份收藏也曾是英国最重要的收藏之一。斯坦福·莱佛士爵士（Sir Stanford Raffles，1781—1826）和尼古拉斯·艾尔沃德·威格斯（Nicholas Aylward Vigors，1785—1840）都把他们的收藏捐给了动物学会。约翰·古尔德（John Gould，1804—1881）还是学会的研究员和动物标本剥制师。动物学会因为它的动物园而抓住了公众的注意力，很快就变得相当受欢迎，也获得了很多资助。1828 年，威格斯写信给夏尔·吕西安·波拿巴（Charles Lucien Bonaparte）时曾提到了这份成功：

你一定很高兴听到我们的动物学会正在蓬勃发展。我们的会员迅速增加，我们的吸引力也在成比例地增长。社会中最具影响力的那一部分（时尚界）也支持我们，于是我们已经成为当下的潮流。可是在这份成功的骚动中，我们忘记了科学。[34]

威格斯夸大了缺少科学活动的情况。动物园确实抓住了公众的注意力，但同样真实的是，这个私人协会成为了英格兰的动物学中心，其博物馆的收藏也在蓬勃发展。事实上，它还是政府和私人探险活动带回来的标本的主要接收者，这种情况曾让大英博物馆的工作人员感到十分难堪。[35]

　　除了私人协会，大学和地方公共博物馆也开始在收藏家中发挥重要的作用。这种情况在荷兰和德国特别普遍。一个世纪以来，荷兰人一直是狂热的收藏家，[36] 他们的激情也被同时代的人记录了下来。勒瓦扬曾在《非洲鸟类博物志》中写道："虽然荷兰只有很小的疆界，但是比起欧洲其他国家所发现的总和，它或许拥有更多的各种类型的业余收藏家。"[37]因此完全可以预料到，当一个重要的博物馆诞生时它一定会令人印象深刻。1820 年，国立莱顿大学（*Rijksuniversiteit te Leiden*）被提名为荷兰国家自然博物馆的所在地。[38] 该博物馆合并了这所大学的收藏，还在不久前增添了一大批来自巴黎的收藏和康拉德·雅各布·特明克的私人收藏，这批来自巴黎的收藏是为了补偿革命期间被带到法国的荷兰省督收藏——这个政府珍藏馆成立于路易·拿破仑国王（King Louis Napoleon）的短暂统治期间，而特明克是当时最著名的收藏家之一，也是该博物馆的首任馆长。当这个博物馆开启它的历史时，它总共有近 6000 个支撑起来的鸟类标本！由于接收了瑞华德以及荷兰殖民地"科学委员会"带回来的标本，该博物馆发展十分迅速，到 1835 年古尔德认为它已经拥有欧洲最好的鸟类收藏。[39]

从很多方面来看，莱顿博物馆（Leyden Museum）[①]都不是大学收藏的典型，因为它虽然原则上是学术的国家博物馆，但实际上更像独立的政府研究机构。[40]早期，它的预算和莱顿大学是分开的，它也强烈反对把它当作教育机构的建议。可是，即使这个博物馆没有参与大学的教学功能，它仍然是莱顿大学最突出的研究机构之一。

从现代的角度来看，很容易就会批评首任馆长特明克的"不科学的研究进路"，但他是那个时期的博物馆馆长的典型。他把重复标本（duplicates）用于交换而不是建立一系列的标本；他对地理分布不太感兴趣；他非常随意地处理模式标本。不过，他的主要目标是通过政府资助旅行－博物学家，购买以及交换标本来扩大博物馆的收藏。事实上，特明克不仅极大地扩充了荷兰国家自然博物馆的收藏，还和法国国家自然博物馆的教授一样帮助其他的荷兰博物馆，寄给他们重复标本并帮忙组织材料。[41]特明克的目标不同于他之后的馆长如他的继任者赫尔曼·斯赫莱赫尔（Herman Schlegel，1804—1884），这反映了特明克生活的那段时期比较特殊，跨越了 18 世纪业余博物珍藏馆和 19 世纪下半叶大型科研机构之间的鸿沟。

1800 年到 1830 年间，发展得最充分的大学博物馆在德国。杰出的收藏当然被捐给了柏林大学（*Universität zu Berlin*），这个成立于 1810 年的皇家研究机构。[42]约翰·卡尔·威廉·伊利格（Johann Carl Wilhelm Illiger，1775—1813）是它的首任馆长，但不幸的是这位杰出的博物学家寿命很短。该博物馆鸟类收藏的核心是帕拉斯的收藏和约翰·岑特里

61

① 莱顿博物馆是荷兰国家自然博物馆后来的称呼，现称为莱顿国家自然博物馆（National Museum of Natural History in Leiden）。

乌斯·冯·霍夫曼泽希伯爵的珍藏馆，后者曾在前面章节中提到，他是几位狂热的收藏家之一，有资源把自己的采集者派到野外。大约在博物馆成立的时候，冯·霍夫曼泽希就已经获得了大量来自南美通讯员的收藏，而在博物馆成立后不久西贝尔归来，为冯·霍夫曼泽希增添了来自南美的巨大收藏，以及他在伦敦通过交换获得的澳大利亚和北美标本。在1813年马丁·海因里希·卡尔·利希滕施泰因（Martin Heinrich Karl Lichtenstein, 1780—1857）担任馆长时，博物馆已经拥有了2000个标本，分属900个种。[43] 普鲁士政府的慷慨赞助让希滕施泰因可以把探险队派往世界各地，从而极大地扩充了博物馆的收藏。[44]

柏林的动物博物馆（*Zoologische Museum*）是其他新德国博物馆（包括大学和邦国的博物馆）的模范。尽管普鲁士和德国的其他邦国都没有发展成殖民帝国，也没有大量的海事资源，但是他们的许多博物馆都以巴黎、伦敦和莱顿的博物馆为榜样，也收集了大量的外来物种。他们之62 所以能够这样，是因为他们派出了几位热心的采集者，获得了慷慨捐赠的私人收藏，并交换和购买了标本。和柏林博物馆一样，这些收藏也是由知识渊博者来进行管理，只有他们才能认识到这些材料的重要性，从而帮助德国在鸟类学领域获得突出地位。其中比较著名的人物有：达姆施塔特（Darmstadt）大公爵的自然珍藏馆（*Naturalien-Cabinet*）的约翰·雅各布·考普（Johann Jakob Kaup，1803—1873），美因河畔法兰克福（Frankfurt am Main）森根堡自然博物馆[①]的菲利普·雅克布·克雷茨奇马尔（Philipp Jakob Cretzschmar, 1786—1845），哈勒大学（*Universität Halle*）动物博物馆的克里斯蒂安·路德维希·尼切，德累斯顿（Dresden）

---

① 原文的意思是"森根堡自然研究协会（*Senckenbergische Naturforschende Gesellschaft*）的博物馆"，中文世界现在称之为"森根堡自然博物馆"。

皇家博物珍藏馆（*Königlichen Naturalienkabinett*）的海因里希·戈特利布·路德维希·赖兴巴赫（Heinrich Gottlieb Ludwig Reichenbach，1793—1879），慕尼黑的新大学路德维希－马克西米利安慕尼黑大学（*Ludwig-Maximilians Universität zu München*）动物博物馆的约翰·瓦格勒（Johann Wagler，1800—1832）[45]。

到 1830 年，英国、法国、荷兰和德国都拥有了重要的鸟类学收藏。不过，他们并没有对此进行垄断。例如，斯德哥尔摩（Stockholm）的瑞典国家自然博物馆（*Naturhistoriska Riksmuseum*）就有一份重要的收藏，包括斯文·尼尔松收集到的瑞典动物和许多外来物种。哥本哈根（Copenhagen）的动物博物馆（*Zoologisk Museum*）吸收了地方的收藏，也接收了旅行者如安德斯·斯帕尔曼（Anders Sparrman，1748—1820）带回来的丰富材料，最终从一个小型珍藏馆发展为大型收藏。佛朗哥·安德烈亚·博内利为都林（Turino）的动物博物馆（*Museo zoologico*）创建了一份重要收藏，维也纳的帝国和皇家博物收藏宫（*Kais.-Knö. Hof-Naturalien-Cabinet*）也在进行大规模的收集。[46]

虽然 19 世纪的趋势是收藏的合并和研究型收藏的兴起，但是不应当认为 19 世纪前 30 年里私人收藏不重要。康拉德·雅各布·特明克的收藏（在它并入荷兰国家自然博物馆之前）闻名于整个欧洲。[47]他非常幸运，他的父亲不仅有钱有势（东印度公司的财务主管），还自己采集鸟类标本，也和其他重要的荷兰收藏家关系友好。在英国，威廉·亚雷尔（William Yarrell，1784—1856）和斯坦利勋爵都拥有著名的私人收藏。亚雷尔的英国鸟类收藏为他的《不列颠鸟类志》（*A History of British Birds*，1843）奠定了基础，而这本鸟类志取代了蒙塔古的《鸟类学词典》，成为了标准参考书。1828 年，比尤伊克在考察亚雷尔的收藏时曾对其赞不绝口，他在写给达沃斯顿的信中也表达了这一感想，他写道："在我的生命里，我还从未因为看到一样东西而如此欣慰，我在亚雷尔的博物馆中发现，他拥有可以帮助他彻底探索鸟类学知识的全部材料。"[48]斯坦利勋爵在诺斯利（Knowsley）的收藏更大，在他去世时其鸟类收藏共有1272个标本（家禽除外），分属318个不同的种。[49]这些支撑起来的收藏包含"很多早期的标本，它们来自利弗和布洛克的博物馆，曾被莱瑟姆博士、肖博士（Dr. Shaw）以及其他人描述过，还包括索尔特的阿比西尼亚① 收藏（Abyssinian Collection）的原物，而德比伯爵曾对其进行描述"，等等。[50]担任动物学会主席的斯坦利勋爵非常重视他的博物馆。诺斯利收藏（Knowsley Collection）的一份未完成的出版目录曾提道：

形成这些收藏并不是为了实现突发奇想、收藏本身和炫耀式的展示。恰恰相反，斯坦利勋爵以极大的代价把它们汇集在一起，完全是为了娱乐和学习。这个断言可能很容易就可以得到证实，只要检查任何一个或所有支撑标本的置物台底部就可以，那儿有他亲自写下的标签，从中可以发现他标出了：性别，如果已知；各个物种的学名和俗名；对莱瑟姆或其他作者作品的引用，如果其中有它们的描述；眼睛、蜡膜和腿等部位的颜色；购买的日期；购买自何人；死亡日期，如果它们曾经圈养在动物园或大型鸟舍中；一个编号，它明显参照了某份目录（Catalogue）②，这也是我③ 希望能够提供的急需之物。[51]

① 阿比西尼亚是埃塞俄比亚的旧称。
② 该目录是指标本在被斯坦利勋爵购买之前所属的收藏目录。
③ 此处的"我"是指这份诺斯利收藏目录的作者。

　　在法国，虽然法国国家自然博物馆很容易就让其他博物馆黯然失色，但也有一些私人收藏值得注意。巴龙·诺埃尔－弗雷德里克－阿尔芒－安德烈·德·拉弗雷奈（Baron Noël-Frédéric-Armand-André de La Fresnaye，1783—1861）在诺曼底（Normandy）积累了一份收藏，在他去世时有近 9000 个标本，其中 700 多个标本是新物种且大部分由他亲自描述。他的收藏包含了阿尔西德·道比尼（Alcide d'Orbigny，1802—1857）从南美带回来的大部分标本，以及许多从韦罗商行和其他经销商手中购买的标本。[52] 拉弗雷奈的收藏和巴龙·梅弗朗·郎吉尔·德·沙尔特鲁斯（Baron Meiffren Langier de Chartrouse）的博物馆[53]以及维克托·马塞纳（里沃利公爵，埃斯林亲王）的收藏一样，也是以外来物种闻名的，其中沙尔特鲁斯还和特明克合著了《新编鸟类彩色图集》（*Nouveau recueil de planches coloriées d'oiseaux*，1820—1839）。[54] 其他的法国收藏家，如让－朱尔·迪歇纳·德·拉莫特（Jean-Jules Duchesne de Lamotte，1786—1860）和让·克雷斯蓬（Jean Crespon，1797—1857）都拥有重要的本土物种收藏。[55]

　　在德国，除了研究机构的博物馆，也有一些重要的私人收藏。我们已经提过冯·霍夫曼泽希伯爵的豪华博物馆和瑙曼的收藏。除此之外，还有维德－新维德的马克西米利安亲王的收藏，他曾亲自前往北美和南美采集标本。[56] 人们还应当关注另一份德国收藏，如果它还存在，将是 19 世纪早期最重要的收藏之一。虽然害虫造成的收藏损失是 18 世纪的主要问题，但并不是唯一的问题，入侵的军队也会如此。在法国把皇家植物园改组为法国国家自然博物馆的那一年，法国公民军（citizen army）烧毁了卡尔·冯·普法尔兹－茨崴布吕艮公爵二世（Duke Carl II von Pfalz-Zweibrücken，1746—1796）在巴拉丁（Palatinate）的城堡。卡

65　尔公爵二世曾购买了贝科尔和莫迪特·德·拉瓦雷纳的重要收藏，并把它们作为其豪华私人博物馆的核心。[57]

　　这种关于私人以及研究机构的博物馆的讨论，可以轻松地推广到美国、印度、南非、澳大利亚等地。[58] 事实上，整个西方世界及其控制下的地区都有自然博物馆。1800 年到 1830 年间（尤其是 1815 年以后），无论是国家、地方、公共还是私人的博物学收藏都在不断地发展。关于这些收藏，特别引人注目的是它们和上个世纪的博物馆不同，大多数是严肃的研究型收藏，而那些向公众开放的博物馆如巴黎的法国国家自然博物馆，早就和利弗博物馆以及帕拉斯所抱怨的那些珍藏馆相去甚远。19 世纪的收藏变得更严肃是有一些原因的。部分是因为收藏这种时尚已经结束，而 18 世纪 90 年代和 19 世纪初的政治事件也对业余收藏家不利。更重要的因素是这种新的收藏规模庞大，完全掩盖了业余收藏家。一位绅士能够负担几十只鸟类标本，一位贵族也能负担几百只。可是法国、普鲁士和荷兰的收藏规模只能依赖于更严肃的投入。当然，按照 20 世纪的标准来看，这些收藏仍然显得非常落后也很业余。鸟类标本被支撑起来，于是暴露在有害的光照、高温和空气中。馆长只有很少或者完全没有正规的训练，而且在我们看来他们更热衷于获得标本而不是研究它们。模式标本的全部意义并没有得到充分的理解，结果就是后来的鸟类学家不得不面对一些相当可怕的混乱。博物馆馆长要么像特明克那样往往把重复标本用于交换，要么像利希滕施泰因那样卖掉重复标本再买其他的，[59] 而不是努力收集多个系列的鸟类标本。不过，虽然比起 19 世纪晚期或 20 世纪的博物馆馆长和收藏，当时的馆长有很多不足，收藏也

66　明显薄弱，但是 1800 年到 1830 年间所做的工作是博物学收藏的转折点。按照 18 世纪早期的标准来看，这些获得的材料极其丰富，也令人大吃一

惊。布丰和布里松曾预期这种规模的收藏只存在于遥远的未来，但现在已经可以在全世界发现。整个博物学领域蓬勃发展，每一年收藏都在急剧增长。这些收藏不再是贵族和怪人的玩物，而是严肃的科学机构。因此，不可以低估这些收藏的重要性。它们为大批专著储存了模式标本和材料。它们推动了目录的创作，为分类提出了有趣的问题。简而言之，它们是鸟类学活动的核心，决定了鸟类研究的发展方向。

鉴于收藏家和收藏的多样性，对于博物学收藏突然出现的迅猛增长和发展，很难找到一个简单的原因来说明。当时，和新殖民浪潮相关的航海活动以及商业探险活动中存在着一股巨大的潜力。由于增加的资金能够以不同的方式、针对不同的目标使用，这一股之前无法利用的潜力开始变得可用。富有者如马克西米利安亲王或者斯坦利勋爵都获得了至今无法想象的丰富收藏。革命期间，法国政府决定不拆除皇家植物园，反而接受建议把它改组为法国国家自然博物馆，因为它已经和旧制度时期的大部分研究机构联系在一起。这个博物馆有助于解决实践问题，还可以为公众提供讲座，也体现了法国作为思想界（world of ideas）领袖的荣誉。在柏林，一所新大学的诞生标志着德国大学开启了不朽的改革，这和霍夫曼泽希伯爵以及财政大臣威廉·冯·洪堡（Wilhelm von Humboldt）的兴趣一致，并最终促成了动物博物馆的出现。在英格兰，67 由于大英博物馆缺乏支持，动物学会便成立了自己的博物馆，因为它和英国的外来物种驯化实践研究有关，也因为它深受欢迎的动物园，这个博物馆很快就超越了大英博物馆，甚至超越了大部分的欧洲收藏。虽然博物馆仍只向整个人群中的一小部分开放，但是到 1830 年它们已经成为枢纽，很多利益在此富有成效地交叉在一起。威廉·佩利（William Paley）的《自然神学》[60]（*Natural Theology*，1801）曾信誓旦旦地表达了一种境况：研究自然是通往上帝的道路，于是博物馆因为它们的启示价值而得到了福音派信徒的支持。自由思想家（freethinkers）也大力支持博物馆，因为他们认为这些致力于研究自然的世俗机构是理性战胜迷信、科学战胜神学的证据。崛起的中产阶级也支持博物馆，因为对他们而言提升科学素养是合法化的手段。博物馆还是殖民帝国、乡土或城市自豪感、受尊敬的文化地位以及学术进步的体现。这么多的不同利益幸运地结合在一起，为1830年以后博物学收藏的迅速发展奠定了基础。此后，博物学收藏增长得更快，最重要的国家收藏也合并了许多私人博物馆。不过直到1830年，收藏的发展都还决定着当时能够呈现的鸟类学，就像布里松和布丰的研究工作与特定的收藏相关，1780年到1830年间完成的研究工作也同样和鸟类学收藏密切相关，关于这一点我们将在下面章节中讨论。

# 第 5 章
## 鸟类学出版物（1780—1800）

在布里松和布丰的时代之后，鸟类学数据加速涌入，这注定会对鸟 类学的性质产生深远的影响，尽管这种影响表现得循序渐进因而平淡无奇。直到大约世纪之交，博物学收藏还在很大程度上保持着业余珍藏馆的状态，不过在鸟类学文献中已经可以发现布里松和布丰所创建的研究模式。如第二章提到的，布里松把注意力转移到了以外部形态特征为基础的分类，而布丰则尝试更广泛的鸟类博物学。在某种意义上，他们代表了动物学的两个传统：分类学家的和博物学家的。这并不是说，动物学家必须追随这两条研究进路中的一条。事实上，他们往往会不同程度地运用这两个传统，或者还有其他传统。在 18 世纪晚期的鸟类学中，布里松和布丰所给出的研究方向十分明显，因为其作品的新版本、通俗读本（popularizations）、更新尝试，或者关注领域更狭窄的详细调查研究一起组成了大部分的文献，其中调查研究也是为了补充布里松或布丰的鸟类学。

　　布丰的《鸟类博物志》文学素养高且普遍受欢迎，这使它获得了广为人知的成功，因而导致了大量盗版、选集和译本的后续出版。[1] 为了吸引更广泛的潜在购买者，布丰采用了四种不同的方式和价格来出版其作品，而出版商也很快就发现了该作品的潜力。到 1800 年，布丰的作品已经可以用欧洲所有的重要语言来阅读，它还被摘录到百科全书中，出现在儿童版本中，并被外国人模仿。这并不是说，布里松被忽视了。布里松是以参考书的风格而不是文学风格来撰写他的 6 卷鸟类形态描述，他的书虽然没有吸引到大众读者，但也被广泛地使用。例如，奥利弗·哥尔德斯密斯（Oliver Goldsmith，1728—1774）曾依靠布里松的作品来撰写《活跃的大自然》（*Animated Nature*）[2] 第 1 版的鸟类学部分——该书是 18 世纪最受欢迎的书籍之一。此外，在大部分最受欢迎的鸟类学作品或百科全书中也能找到布里松的方法概要。

　　布里松和布丰的鸟类学迅速发展并流行起来，这反映了 18 世纪晚期博物学爱好者的不断增加，而这一趋势还能在以下几个方面发现：期刊文献中博物学描述的增长，科学词典和百科全书的出版量，以及艺术领域对自然的强调。此外，我们还可以查看它们在当时的主流科学参考书中的地位，从而评估布里松和布丰对这类读者的重要性。1782 年，巴黎出版商夏尔-约瑟夫·潘寇克（Charles-Joseph Panckoucke，1736—1798）开始出版著名的百科全书《方法论百科全书》（*Encyclopédie méthodique*），它是让·勒朗·朗贝尔（D'Alembert）和德尼·狄德罗（Diderot）的畅销作品的更新扩展版。《方法论百科全书》变得非常有名，主要是因为编纂人员的卓越，其中包括多邦东、费利克斯·维克-

达吉尔（Félix Vicq-d'Azyr，1748—1793）和拉马克。该书的鸟类学部分由皮埃尔 - 让－艾蒂安·莫迪特·德·拉瓦雷纳（Pierre-Jean-Etienne Mauduyt de la Varenne，1730—1792）完成，他拥有巴黎最大的鸟类收藏之一。布里松和布丰都曾利用他的收藏来撰写鸟类学，反过来莫迪特也利用他们的鸟类学来完成他的百科全书。基本上他依赖于布里松的方法，并称赞该方法简便实用，不过他也会随意修改那些他认为布里松错误或无知的地方。至于布丰，他曾写道："在当时布丰先生是第一个真正告诉我们鸟类综合志的人。"³ 莫迪特充分利用并高度赞扬了布丰的同物异名、《彩画博物学大典》和博物志。不过，在布丰完成《鸟类博物志》之前，莫迪特就已经开始出版《鸟类学》（*Ornithologie*），该书在很大程度上算是一个次品，它基本上只是一份汇编，而且大部分的内容还取自布里松和布丰。

　　这并不是说，18 世纪后期所有的鸟类学都缺乏创新。比如，约翰·莱瑟姆的作品就在认真地尝试更新，并把一些 18 世纪 80、90 年代才变得可用的材料纳入了鸟类学。莱瑟姆曾在《鸟类综述》（1781）的引言里写道：

　　接下来的内容是为了尽可能地给出至今为止所有已知鸟类的简洁描述，近年来在英语世界里还没有以这种方式完成的综合性作品。不过，在其他国家这种方式已经获得了更多的关注，也见证了布里松先生的宝贵作品，他出版的《鸟类学》把鸟类描述更新到了 1760 年。同时，伟大又能干的博物学家布丰先生也迅速推出了一部相同主题的杰出作品［9 卷中已经完成了 7 卷］。当他完成这份亲手制定的庞大计划，他将获得巨大的荣誉……布丰先生的这部作品不仅对以前探讨过的每个内容给予了适当的关注，也调和了不同作者之间的大量矛盾，还添加了许多新的主题，这些都使它成为了极具价值的作品。[4]

莱瑟姆向布里松和布丰致敬，并充分利用了他们的作品。不过，他在作品的组织方式上另辟蹊径，也尽量依赖于他所能利用的收藏中的个人观察。他曾写道，他将扩大鸟类学的经验基础：

……从为数众多的博物学收藏中，它们近年来已经在英格兰形成，其中有大量的新物品先后从世界各地引进。不过，这几年里还有更特别的东西，它们来自那些在南冰洋（Southern Ocean）做出重大发现的人的不懈研究。[5]

71　　在后面这段话里，莱瑟姆主要是说库克船长的三次航海活动（1768—1771，1772—1775，1776—1780）所带回来的标本和图画，当时它们已经分散到多个收藏中。[6]因为莱瑟姆告诉了读者他的描述所使用标本的位置，所以可以明显看出，他已经查看了那一时期重要收藏中的库克材料及其他新材料：班克斯（Joseph Banks，1743—1820）、滕斯托尔、波特兰、英国皇家学会、大英博物馆、利弗等等。

莱瑟姆充分利用收藏和其他出版物，不断地修订、补充并拓展他的鸟类学，从而使其包含已知的一切。他的热情使他成为了"18世纪最著名的不列颠鸟类学家"，[7]一直到1837年他都是英国鸟类学的元老！这毫不意外，因为莱瑟姆往往最先查看新材料，如新南威尔士的鸟类记录本、大量库克的材料以及哈德威克少将的印度鸟类材料，其中记录本是收藏家艾尔默·伯克·兰伯特（Aylmer Bourke Lambert，1761—1842）从约翰·怀特（John White，1756—1832）的航海活动中获得的。[8]

莱瑟姆的鸟类学更接近布里松的而不是布丰的，因为他的主要兴趣是记录和鉴别当时已知的鸟类。他利用收藏和出版物来进行研究工作，因而可以预见他的重点是外部物理特征而非综合博物学。他所利用的收藏几乎没有鸟类习性和栖息地的信息，就像在布里松的作品中人们会经常发现"来源地未知"这个词。不过，莱瑟姆的作品并没有借鉴布里松的基本结构。莱瑟姆十分欣赏布里松的仔细描述，在《鸟类综述》第 1 版的引言里，他曾谈到布里松的鸟类学：

> 无论是谁，只要仔细阅读过这部作品，就会折服于这位绅士在该主题中贯彻的准确性和精确性。在此也可以公正地说，当涉及那些我们还未查看的鸟类时，我们可以自由地采纳这些描述。[9]

尽管如此，当涉及分类时，莱瑟姆先效仿约翰·雷进行基本的划分，再效仿林奈进行下一级的划分。正如前面章节提到的，雷的鸟类学是 18 世纪中期最优秀的鸟类学，它对英格兰的博物学产生了深远影响。林奈的影响有点难以理解，因为他的鸟类分类并不出众。他对鸟类的兴趣是次要的。他甚至没有查看一份重要的鸟类收藏，也没有证据显示他像布里松或布丰那样熟悉出版文献。《自然系统》是林奈唯一出版的鸟类综合论著，在它的历届版本中林奈收录了大量新记录的鸟类，虽然他把一些属从一个目转移到了另一个目，但是 6 个目的基本划分结构仍保持不变。在 1766 年出版的最后一版（第 12 版）中，林奈鉴别了 78 个属共 931 种鸟类，其中有很多继承自布里松。（1758 年版有 63 个属共

545 种鸟类。)[10] 18 世纪，除了在法国皇家植物园的强大传统使他陷入了困境，林奈的作品在各地普遍受到了欢迎，关于这一点必须参考他作为分类学王子（Prince of Taxonomists）的声誉来理解。[11] 在植物系统分类学中他是公认的权威，他的方法和作品覆盖了整个生物领域。在植物学之外，林奈的声誉很大程度上依赖于他引入并坚持使用的双名法以及他的《自然系统》（*Systema Naturae per Regna Tria Naturae*），前者为命名中的混乱带来了一些秩序，后者试图合理放置并清晰描述博物学中已知的全部种类，同时他还经常修订该书（从 1735 年到 1766 年总共有 12 个版本）。因为它的便利、协调和有用，《自然系统》很快就成为了分类的标准，再没有其他可以与之相提并论。在英格兰和欧洲大陆的许多地方，林奈在系统分类学中建立的传统都保留了下来，以特定的改良形式继续发挥作用。莱瑟姆曾公开承认他对林奈的借鉴，他还影响了伦敦林奈学会的成立。1821 年，他写信给林奈学会的创始人詹姆斯·爱德华·史密斯（James Edward Smith，1759—1828）:

> 当我质疑林奈时，我觉得我已经深深冒犯了他，除了他鉴别的属（总共 79 个属）——还有 12 个新的属——在我目前的作品中还会再多出 8 个，于是总共会有 20 个新的属——在全部的 111 个属中①——而这在很大程度上是因为林奈不知道那些新物种。不过，当我仔细查阅［？］②特明克先生的作品时我发现了 201 个属，尽管他的很多属可能是正确的，但他也没有［原文如此］③那么高兴。此外，

---

① 虽然 79 加上 20 不等于 111，但原文如此，引用仍然尊重原文。

② 由于本段引文来自未出版的手稿，原文为 "going［？］over"，这表示作者猜测该单词为 "going"，但是无法完全确定。

③ 原文 "no［sic］"，其中［sic］表示［原文如此］，作者对该单词存疑，但仍然引用了原文。

我还察觉到现在的系统分类学家希望尽量忽视林奈，不过无论是你
还是我都不能允许这种事情发生。如果你愿意，可以进行修订和改
进，但是林奈仍然会在你的分类观点中占据重要地位。[12]

这并不是说，莱瑟姆完全是林奈的追随者。他使用了林奈的属，也在一
些作品中模仿了林奈的特征简介风格，但他并不赞同林奈的排列方式，
也做了相应的修改。在《鸟类综述》中莱瑟姆使用了鸟类的英文名，而
不是林奈体系要求的拉丁名，他还在所有作品中坚持使用约翰·雷的整
体划分方式：陆禽和水禽。

　　莱瑟姆的作品很有启发性，是 18 世纪晚期最优秀的鸟类学作品之
一。尽管他很长寿，在 19 世纪也非常活跃，但是从观点和风格来看他
仍然是早期的鸟类学家。莱瑟姆博士是一位执业医师，他在空闲的时间
里进行研究和写作。虽然他是科学界的重要成员，查看过重要的英格兰
收藏，还和博物学界几乎所有的重要人物保持联系，但是当涉及工艺方
面的鸟类学时，他几乎是在单打独斗。莱瑟姆和他之前的爱德华兹一
样，也亲自雕刻铜版插图，独自承担出版鸟类书籍的所有工作，因而他
的书籍只能以几百本的小规模出版。莱瑟姆的写作对象是普通的博物学　74
爱好者，因为当时还没有公认的鸟类学群体或读者群。他的目标是更新
不断扩展的鸟类知识，可是在这个奋斗过程中他不断受挫。补充之后再
补充，莱瑟姆永远都在告诉他的读者，他还有更多的材料将在适当的时
候出版。当然，他不可能完成这份任务。在他年轻时，莱瑟姆不能全身
心地投入到鸟类学的研究工作，在他 1796 年退休到罗姆塞（Romsey）
之后，他居住的地方离英格兰的重要收藏又有很长一段距离。此外，还
有一些欧洲收藏，他只能从印刷资源中知道它们的内容。随着年龄的增

长，材料积累得太快以至于他无法及时更新，因此他从未完成他计划的
《鸟类学索引》（*Index Ornithologius*）第 2 版。[13] 编目所有鸟类和鸟名的
任务属于年轻的一代，他们拥有不同于莱瑟姆所有的机会。莱瑟姆的鸟
类综合志和索引更新了普通鸟类学。然而，由于 19 世纪前 30 年里材料
如洪水一般涌入，最终他也只能落后了。

在 18 世纪晚期，莱瑟姆的普通鸟类学是更新布里松和布丰作品的最
广泛的尝试。同一时期，还有许多对鸟类学有价值但范围比较有限的贡
献。最引人注目的是区域性研究，它们要么是欧洲的，要么是异域的。
正如前面章节曾经讨论的，这些研究的质量、动机和研究进路都极为不
同。可是，它们的整体贡献不应当被小看。吉尔伯特·怀特和约翰·马托
伊斯·贝希施泰因在他们的鸟类知识中增添了个人观察，莫利纳、松尼
尼和勒瓦扬则增加了外来物种。

对于西方的政治史、经济史和社会史而言，18 世纪的最后 20 年是
一个至关重要且激动人心的时期。从物理科学、艺术和文学来看，它同
样是一个令人兴奋的时期。然而，从鸟类学来看这个时期却相当安静。
60 年代的布里松和主要在 70 年代的布丰已经非常成功地定义并证明：
作为博物学的一个分支，鸟类学值得单独论述，因而有一段时间他们不
再满足于对新的普通鸟类学的需求。当然，他们两位是在响应他们获得
的机会，因为当时出现了一些至今无法想象的大型鸟类收藏，在他们的
社会里也呈现出对博物学的普遍热爱。不是很多人都可以像这两位一样
处于这么好的环境中，直到 1800 年就只有一位严肃的普通鸟类学家莱瑟
姆，他还在很大程度上借鉴了他的前辈。尽管如此，鸟类学文献的数量
确实增加了。在那一时期的科学词典和百科全书中有相当大的空间专门
用于鸟类，也出版了很多通俗读本和译本。区域性研究开始呈现出 1760

年以前不曾见过的数量和质量，而世界上所有重要的地区都已经有了自己的记录员。本土鸟类志也包含了新物种的信息和已知物种的新观察。除了外部形态，偶尔也会描述一些物种的博物学。

应当注意的是，在某种程度上那些出版的记录并没有囊括 18 世纪末的所有鸟类研究，因为还有许多观察没有及时出版。事实上，能够出版的书籍是有限的。虽然通俗读本表现出色，但是它们几乎没有空间可以用来记录独创的研究工作。书籍的印刷成本很高，而科学期刊文献又还处于起步阶段。在《伦敦林奈学会学报》（ *Transactions of the Linnean Society of London* ）中，偶尔会有鸟类学的文章，如罗齐耶（Rozier）的《物理观察》（ *Observations sur la physique* ）、《论博物学和艺术》（ *sur l'histoire naturelle et sur les arts* ）、《大自然爱好者》（ *Der Naturforschery* ）等等，不过它们少之又少，还往往关注大众感兴趣的问题，如鸟鸣、杜鹃与众不同的筑巢习性、鸟类名录和迁徙。而新物种的记录则往往出现在以下内 76 容中：区域性研究，系统分类作品如莱瑟姆的，或整体分类作品如约翰·弗里德里希·格梅林（Johann Friedrich Gmelin，1748—1804）的。

对于 18 世纪晚期的鸟类学而言，也许最重要的方面是对它的期望比之前更高。布里松和布丰都在其引言中揭露了一个痛苦认知：他们的研究极其重要但信息不足。虽然他们已经拥有数百个新的外来物种，也因此兴奋不已，但是他们猜测还有多得多的物种是他们不知道的，他们也相当坦率地说道：他们计划的研究只是第一小步。在《鸟类博物志》第 1 卷的《著作纲要》（ *Plan de I'ouvrage* ）中，布丰曾写道：

在此，我们并不试图给出像四足动物那样完整或详细的鸟类志。关于四足动物的作品，尽管完成的过程漫长而艰难，但并不是不可能的，因为四足动物的数量只有200种……。这部作品［关于鸟类］是近20年的学习和研究成果。尽管这段时间里我们没有忽视任何东西，只要它可以启发我们关注鸟类或有助于获得全部稀有物种。中肯地说，我们还成功展示了这部分的皇家收藏，它比欧洲同类型的其他收藏更多也更完整，但是我们也必须承认我们仍然缺少相当庞大的数量。[14]

加剧这个问题的是，布丰认识到鸟类会呈现出性别差异、季节性变化、生命阶段性变化和地理变异，也发现了那些看似无法解决的实践困难，即观察那些飞翔、迁徙和大量杂交（在布丰看来）的生物的生活史。当然，布丰是以完整的鸟类博物学为衡量标准。在抱负适中的人——怀特、贝希施泰因和松尼尼看来，鸟类学的问题尽管困难却是有限的。作为世界上物种数量最少的地区之一，欧洲当然没有看起来那么难以解决，尤77其是考虑到布里松和布丰完成的开端，他们的多卷本已经包含了大量的插图和同物异名。世纪之交后仅仅10年，乔治·蒙塔古就觉得英国鸟类学即将完成。尽管事实上并非如此，[15]但这表明了一种想法：鸟类学家并没有觉得这些问题无法解决，他们对可见的终点有更大的期待。我们将会发现，19世纪20年代的数据泛滥也没有真正地削弱这种想法，尽管当时的信息数量十分惊人。

布丰的鸟类学的普遍成功，以及书籍如比尤伊克的《不列颠鸟类志》、贝希施泰因的《德国公共博物志》和勒瓦扬的《非洲鸟类博物志》的后续成功，都证明了鸟类学作品的读者已经存在。不过，很难有一种理想的读者。莱瑟姆的严肃研究被局限于小规模的出版，这几乎从经济上摧毁了他。因此，完全致力于鸟类的作品也必须对普通读者有吸引力。当时还没有出现公认的鸟类学学科，在这门学科中要有一个公认的专家团体，他们采用公认的方法来解决一系列约定的问题，并因为一些共同的目标而团结在一起。从这个学科观念来看，当时也没有真正的鸟类学家。那些所谓撰写鸟类的人，并不是为了其他鸟类学家才这么做。这不是业余人士和职业人士（professional）的区别，而是专业人士（specialist）和非专业人士的区别。1800 年以前的"鸟类学家"是描述鸟类的博物学家，他们也经常在博物学或科学的其他知识领域开展研究工作。鸟类学书籍最高水平也是为了那些对博物学有严肃兴趣的人，或更常见的是为了那些对博物学有普遍兴趣的普通读者。甚至在最职业的研究机构法国国家自然博物馆中，虽然有一个为哺乳动物和鸟类设置的职位，却没有一位研究鸟类的专业人士。那些极少数的例外会发现他们在独自从事鸟类研究，就像莱瑟姆一样相当孤单。不过，我们也不应该把这个问题看得过于严重。收藏中的材料数量，出版物的数量和质量，以及参与鸟类研究的人数都比曾经见到的更可观，而这还只是一个开始。虽然鸟类学没有明显改变布里松和布丰设定的研究模式，但是它已经推广并扩展开来。它的经验基础已经增长，一些类型的读者也已经存在。下一代的鸟类学家有了可以发展的基础，也确实发展了鸟类研究。

78

图 4 已被证明在博物学收藏的发展过程中至关重要的解剖技术和工具。这张插图说明了如何填充鸟皮并放入一只人造眼睛，以及一些基本工具。该图来自第一批制备博物学标本的手册之一。（Étienne François Turgot, *Mémoire Instructif sur la manière de rassembler, de préparer, de conserver, et d'envoyer les diverses curiosités d'Histoire Naturelle*, Paris, Bruyset, 1758, Plate 6.）

图 5 约翰·詹姆斯·奥杜邦是最著名的博物学插图画家之一。这幅激动人心的鹗插图出现在他的《美国鸟类》中。（ *The Birds of America*, New York and Philadelphia, Audubon, 1840, Vol. 1, plate 15 ）

图 6　在 19 世纪，威廉·亚雷尔拥有英格兰最著名的鸟类学收藏之一。这是他的多卷本《不列颠鸟类志》( *A History of British Birds*, London, Van Voorst, 1843 ) 的基础，该书在很多年里一直是标准参考书。这幅黑腹滨鹬幼鸟插图 ( 第 3 卷，19 页 ) 反映了博物学家对鸟类不同生命阶段的关注。

图 7　英国博物学家运用他们的狩猎技巧来采集鸟类标本。不过，他们的热情也通常意味着许多标本会被破坏。这幅插图来自威廉·亚雷尔的《不列颠鸟类志》( William Yarrell, *A History of British Birds*, London, Van Voorst, 1843, Vol. 3, p. 528 )，描绘了一位英格兰人在冰岛采集鸟类标本。当亚雷尔对博物学产生兴趣后，他就自觉地停止了射杀鸟类。

图8    由于一些鸟类是夜行性的，于是博物学家设计了捕捉它们的方法。这张图片来自威廉·亚雷尔的《不列颠鸟类志》（William Yarrell, *A History of British Birds*, London, Van Voorst, Vol. 1, 1843, p. 478），展示了一种夜间捕捉鸟类的方法。

GREENFINCH. 479

INSESSORES. FRINGILLIDÆ.
CONIROSTRES.

THE GREENFINCH,

OR GREEN GROSBEAK.

图 9 这只金翅雀是亚雷尔作品的经典插图之一，它们使其作品变得流行。（ William Yarrell, *A History of British Birds*, London, Van Voorst, 1843, Vol. 1, p. 479 ）

# 第 6 章

## 关注分类：鸟类学（1800—1820）

布里松和布丰使鸟类学脱离了一般的文化与境，这个与境包含了从烹饪书籍到百科全书的所有内容，同时他们还含蓄地把鸟类学定义为鸟类的科学研究。在这么做的时候，他们强调了外部形态、博物学、图像记录、命名和分类。布里松的鸟类学主要关注外部形态和分类，是从收藏目录的有利地位进行构思的；而布丰的 9 卷本是综合博物志的一部分，这部综合博物志原本打算覆盖所有的博物学分支，因而尝试的范围广泛得多。虽然布里松和布丰并没有建立一门科学学科，但是他们确实阐明了一条后来被推广、仿效并发扬光大的鸟类研究进路。在布丰的《鸟类博物志》出现之后，紧接着的 20 年里鸟类学出版物的数量和质量都变得更加可观。在某种程度上，这部刚刚完成的作品推动了这个发展，而这个发展也正好响应了异域材料的到来并体现了地方动物志的潜力，这些地方动物志使鸟类研究变得激动人心且富有成果。直到世纪之交，一个重要的团体进一步发展了这个新传统。这些人在不同的国家，以不同的风格，在不同的情况下开展研究工作，但是他们采用了同样严谨的方法，都对鸟类的自然分类感兴趣，因而可以理所应当地把他们归为一类。

　　生物学史学家（historians of biology）往往把 17、18 世纪描述成这样一个时期，当时关于分类的哲学基础有相互冲突的立场。[1] 其中有争议的是人为分类体系（artificial system）与自然分类体系（natural system），据说雷和林奈支持前者 ①，而图内福尔（Tournefort）和布丰支持后者。当然，对于大部分的二元划分，只要仔细分析就会模糊它们的界限。尽管如此，普遍的观点还是认为人为分类体系和自然分类体系的支持者之间存在着张力，而这个观点确实有用，也没有过度扭曲。18 世纪林奈的人为分类体系得到了普遍支持，不仅因为其作者林奈为了使它尽量完善而付出了不懈热情，还因为它的整体一致性和简洁以及它对双名法的运用，而双名法正好为当时相当混乱的状态带来了一些秩序。此外，还有几位重要的博物学家，他们坚持从哲学基础来看自然分类体系是无法实现的。比如，在《方法论百科全书》博物学部分的引言中，曾与布丰合著四足动物志的路易－让－马里·多邦东（Louis-Jean-Marie Daubenton，1716—1800）说道："所有这些纲、目、属的系统性划分都取决于构造它们的博物学家的意愿。它们并没有反映事物的本质。相同的对象会被不同的作者划分到不同的分类中，有时还会被同一位作者划分到不同的分类中。"[2] 这种唯名论（nominalist）立场在一定时期是有道理的，那个时候收藏只是一种娱乐

※ 80

────────────

①　此处作者想表达："虽然'人为'和'自然'两个术语十分清楚明白，但是在应用时进行明确区分往往相当困难。林奈曾说'自然分类体系'是他的目标，却因为他的'人为分类体系'而闻名。同样，雷认为过去的'人为分类体系'无用，并创建了一个更自然的物种分类方式，但是实际上这个分类体系仍然高度人为化。"

方式，而分类作为组织收藏的有用要领是必需的。对于生物学的分类，缺乏约定的哲学基础进一步加强了这种趋势。不过，到 18 世纪末探索自然分类体系明显变成了主要目标。人们可以找到很多因素，它们都促进了这个转变——从构建人为分类体系到探索自然分类体系。法国国家自然博物馆有自然分类的传统，这可以追溯到图内福尔和贝尔纳·德朱西厄（Bernard de Jussieu），并由布丰积极地维持了下来，因而它的发展十分重要也值得关注。无论是在法国还是在德国，布丰的巨大影响力都不容小觑。林奈也曾强调自然分类体系的可能性，这种强调在德国、英格兰和81 斯堪的纳维亚都能找到根源。福音运动对博物学充满了热情，也建议探索创造物中的秩序，因为在它看来博物学是一种有启示意义的活动，可以揭示上帝的计划，进而彰显他的无所不能、无所不知、智慧和仁慈。牛顿学说体系（Newtonian program）把理性主义和经验主义两个传统融合到数学物理（mathematical physics）和天文学中，其令人瞩目的成就为博物学提供了很好的示范，因为当时的博物学仅仅由于可能无法获得终极知识，就被认为没有必要勉强接受主观假设或人为分类体系。或许人们还能继续罗列原因，它们都在不同程度上符合逻辑，当然也在不同情况下发挥了重要影响。不过，有一个相当简单明了的解释不应该被忽视：大量的材料和优秀的考查从经验上暗示了秩序。一些博物学家如布丰以强烈的唯名论倾向开启他们的职业生涯，但是经过多年研究他们开始相信有一个能够为人所知的自然秩序（natural order）。还有其他的一些人如自然哲学家（*Naturphilosophen*），他们一开始就接受了可知的秩序，并发现他们的信念被经验数据所证实。不过，大部分博物学家并不是很有哲理性，关于什么是自然中的秩序的深刻说明已经给予了他们信心，让他们相信自然分类体系即将到来。

在那些极力强调这种观点的人中，乔治·居维叶（Georges Cuvier，1769—1832）可能超过了其他任何人，他的比较解剖学被普遍认为是一个有用的工具，使动物研究成为了严谨的科学。[3] 就在法国国家自然博物馆重组后不久，居维叶于 1795 年前往该博物馆协助艾蒂安·若弗鲁瓦·圣-伊莱尔。在 20 年的时间里，他出色的职业生涯为他带来了社会、政治和学术上的杰出地位。虽然居维叶曾经关注过化石类四足动物、哺乳动物和鱼，但他从未出版过专门关注鸟类的重要论著，即便如此他的影响依然深远。就像也没有在鸟类学领域单独出版过论著的林奈一样，居维叶也构建了一个整体分类体系，它几乎对全世界产生了影响。[4] 这个体系的影响力源自它在比较解剖学这门科学中所拥有的坚实基础，居维叶曾帮忙把这门科学带到了很高的精密水平，并试图通过它来揭示生物学的基本规律。居维叶制定了解剖学的法则，从而建立了这门关于动物结构的科学，同时他还相信这些法则是发现自然分类的要领。凭借这份洞察力，居维叶仔细检查了法国国家自然博物馆的大量鸟类收藏，并构建了一个重要的分类体系。虽然他的比较解剖学有助于改善系统分类学，但是令人啼笑皆非的是，居维叶自己对系统分类学的兴趣却是次要的。1790 年，他曾写信给一位通讯员，其中提到了鸟类的分类：

> 自从我读过布里松的鸟类学之后，我就可以不用再关注鸟类的分类。在我看来，这部作品提供了这个主题所能想到的全部内容：有 1500 个物种或变种被仔细谨慎地描述了，还有 300 多个被刻成了铜版。确实经常有纯粹的变种被误认为不同的物种，但是纠正这些错误是博物学家的事情，而幸运的是布丰已经纠正了大多数的错误认识。[5]

82

20 年后，当居维叶开始整顿鸟类收藏时（1811 年），法国国家自然博物馆已经拥有 4000 种鸟类标本[6]，而布里松的《鸟类学》也早已过时。居维叶排列收藏的方式可以在他著名的《动物界》（Le Règne animal，1817）中发现，这种方式也反映了他的分类研究进路。他的主要兴趣是理解动物器官的结构和功能，因此他的系统分类作品是所有动物结构的百科全书，而不是鉴别要领或文学性描述。居维叶更愿意讨论较高的分类水平，因为在其特性描述中他可以基于"生存环境"（conditions of existence）来进行合理分组，这个基本概念曾被他用于构建解剖学的基本法则。[7] 在较低的水平，居维叶认为利用主观的基本原则就足够了。虽然居维叶声称他的整体分类反映了成员的生活史，但是他基本上沿用了林奈的 6 个目，只做了一些调整。居维叶的鸟类学的重要意义不在于鸟类的具体秩序，而在于他为系统分类学提供了更科学的基础。到 1800 年，法国国家自然博物馆的教授终于达成了共识，认可了比较解剖学是分类的要领。从他们的态度可以看出，比较解剖学已经成长为一门科学，而居维叶正是最好的例证，说明了这项新研究的力量——揭示动物之间的结构关系。伴随这个新工具还出现了自然分类体系的要领，它以经验中发现以经验上发现的关系为基础。在许多人看来，随后几十年的问题就是不断的尝试，从更多的细节中找到来自比较解剖学的分类体系。

例如，居维叶在法国国家自然博物馆的同事虽然也认可比较解剖学，却对他的鸟类分类体系不满意。尤其是在定义目的亚群时，居维叶对不同器官特征的运用缺乏一致性，他还坚持只用 6 个目，并把一些截然不同的种类放在一起。后来，亨利－马里·迪克罗泰·德·布兰维尔（Henri-Marie Ducrotay de Blainville，1777—1850）成功超越了他的导师居维叶，获得了法国国家自然博物馆的比较解剖学职位，他认为研究胸骨可以构建更加统一的分类体系。[8] 几年后，艾蒂安·若弗鲁瓦·圣-伊莱尔在《哺乳动物和鸟类的牙齿系统》（*Système dentaire des mammifères et des oiseaux*，1824）中提出了另一个更加统一的分类基础。

虽然比较解剖学的运用很有启发性，在它更综合的分类结论中也被广泛接受，但是直到 19 世纪中期它都没有完全主导鸟类的系统分类学。不过，通过他们在比较解剖学领域的研究，巴黎的教授建立了一种严肃的期待：自然分类体系终将实现。这并不是说，它已经接近实现。路易-皮埃尔·维埃约（Louis-Pierre Vieillot，1748—1831）漫长的职业生涯使他接触到了布丰和居维叶，他曾在《新博物学词典》（1818 年）的"鸟类学"词条中写道：

> 只要人们还不知道世界各地分布的全部鸟类种类，就没有也不可能会有一个完善的东西［分类体系］。只有解决了这个问题，人们才能拥有一个完整无缺的分类体系，它也将是一个自然分类体系……。不过，让我们不断地关注它们，把我们的所有分类体系（或多或少人工的，或多或少也接近自然的）仅仅当作是材料的积累，而这些材料的选取会对系统分类科学的未来结构产生一定的作用。[9]

分类的研究进路多种多样。维埃约利用外部形态特征进行分类。这在某种程度上体现了他对异域鸟类学的兴趣，这个领域可以利用的材料也适合这种研究进路。维埃约描述了法国国家自然博物馆的许多物种，它们都是旅行-博物学家和政府探险队为该博物馆带回来的。维埃约发展了自己的分类体系，并在《新鸟类学分析》（*Analyse d'une nouvelle ornithologie*）中对其进行了描述，还把它运用到了《新博物学词典》中。[10]柏林动物博物馆的约翰·卡尔·威廉·伊利格也研究异域材料，并利用形态特征进行分类。不过，伊利格更多的是在维持"德国的居维叶"约翰·弗里德里希·布卢门巴赫（Johann Friedrich Blumenbach，1752—1840）所建立的比较解剖学传统，他试图比较整体特征以构建生物群，这种整体特征在德国传统中被称为完全习性 ①。这需要对内部和外部特征都进行非常仔细的比较，也需要在考虑重要特征的同时关注次要特征。于是出现了一个分类体系，它声称是通过归纳形成的，因而比那些以单一结构的区别为基础的分类体系（例如，布兰维尔的体系）更自然。事实上，伊利格仍然严重依赖于大部分人都使用的外部形态特征标准。[11]伊利格还感知到了那些我们现在认可的自然生物群，这引起了现代人对其作品的赞赏，甚至比他生活的那个时期更甚。不过，他的潜心研究并没有被当时的人们忽视，他的修订尤其是对属的修订被广泛地接受。伊利格还关注术语的标准化，这份关注影响了很多德国博物学家，也预示了几十年后术语朝着标准化发展。[12]

85 著名的收藏家康拉德·雅各布·特明克后来成为了莱顿博物馆的馆长，他也是利用伊利格作品的系统分类学家之一，尽管他完全没有遵循它的方式。特明克还试图利用鸟类的博物学来建立划分。[13]他在批评维埃约只使用外部特征时曾写道："习性和解剖学的知识是两个姐妹科学，在好的系统性分类中两者不可或缺。"[14]

---

① 伊利格和一些德国学者用"*total habitus*"即完全习性来表示对动物身体的广泛描述，包括内部、外部特征。

特明克是 19 世纪早期最著名的鸟类学家，他拥有最大的外来鸟类收藏之一，也经常去查看其他重要的欧洲收藏。[15] 在他的作品中，我们不仅发现了众多系统分类学研究进路中的一个，还发现了 19 世纪头 10 年里主导鸟类学的这群博物学家的另一个特征：不断增强的专业化和严谨性。虽然特明克的出身背景是业余收藏家，但他试图在出版的作品中努力提高鸟类学的论述水平。在《鸟类学手册；或欧洲鸟类全录》（ *Manuel d'Ornithologie; ou Tableau systématique des oiseaux qui se trouvent en Europe* ）第 2 版的引言中，特明克冷静地指出寻求与众不同未必就是最有利的追求道路：

> 人们前往热带地区或两极冰原寻找材料，从而为大量已知物种再添新种。通过这种方法人们虽然拓展了命名目录，却没有实现任何有利于科学的目标。它们都是无效的获得物，虽然被业余的珍品收藏家看重，但在很长一段时间里它们都会与科学领域无关。[16]

于是，特明克完全没有被他的惊人（ooh aah）① 收藏弄得眼花缭乱，反而像居维叶和伊利格那样表现出一种强烈的渴望，希望以严肃的科学态度来研究鸟类。虽然特明克是在对异域材料非常狂热的环境中写作，但他却完成了第一本重要的欧洲鸟类志。此外，他还强调需要对同一物种的许多标本进行研究，以便更好地理解变异、分布等等，而不仅仅是获得更多的物种。

特明克的《鸡类和鸽类综合博物志》（ *Histoire naturelle générale des*

———————

① 此处"ooh aah"为拟声词，表示看到的东西令人惊叹。

*pigeons et des Gallinacés*）反映了他不断发展的科学研究进路，在这部
关于一群鸟类的 3 卷作品中，他对所有已知的鸽类和鸡类物种进行了仔
细的描述和谨慎的分类。特明克的这部作品是最早的鸟类学专著之一，
这种专著将成为 19 世纪鸟类学的显著特征，也标志着不断增强的专业
化。艾尔弗雷德·牛顿（Alfred Newton）在《鸟类学词典》（*Dictionary of
Ornithology*）的引言中写道：

> 回顾 18 世纪末以来的鸟类学进展，我们脑海中最先出现的是以下
> 事实：综合的作品虽然还在出版，但是已经在成比例地减少，而那
> 些已经存在的作品都倾向于只包含系统分类方法的说明，尽管它们
> 已经被或多或少地充分提出过，与此同时专门的作品变得相当多，
> 它们要么和特定国家动物志的鸟类部分有关，要么局限在某些鸟类
> 群中，因而近年来已经完全被纳入"专著"这个名称中。[17]

鸟类专著最早出现在 18 世纪末和 19 世纪初。它们的起源与艺术、图像
类出版物密切相关。让－巴蒂斯特·奥德贝尔（J. B. Audebert，1759—
1800）和维埃约的著名书籍《曲喙蜂鸟、直喙蜂鸟、鹟䴕和食蜜鸟综
合 博 物 志 》（*Histoire naturelle et générale des Colibris, oiseaux-mouches,
jacamars et promerops*）就是这类作品的典型，它们共同开启了一个流行
豪华鸟类书籍的时期，而这是由彩色版画的印刷技术改进所引起的。[18]
87 奥德贝尔是把这种新技术应用到动物学的先驱，在他去世以后维埃约继
续完成了他的作品，使它成为了著名的"法国鸟类学图像黄金时代"的
精心杰作（*tour-de-force*）。[19] 鸟类是受欢迎的插图题材，因为它们有艺术
家试图捕捉的绚丽羽毛，为此这些艺术家使用黄金或油画颜料来进行印

刷。在奥德贝尔和维埃约合著的多卷本《金鸟》（*Oiseaux dorés*）中，他们并没有试图提供外来物种的科学分类。他们在序里相当坦白地说道："因为我们唯一的目标是利用新技术来制作插图以便让大家知道蜂鸟，这个技术比目前使用过的所有技术都更加准确，因而我们的图画不需要做任何有关命名的事情。于是，我们保留了布丰的法语名和林奈的拉丁名。"[20] 奥德贝尔还和勒瓦扬合作出版了（由特明克赞助）《非洲鸟类博物志》，这是一本更科学的、配有华丽插图的作品。在奥德贝尔去世以后，勒瓦扬像维埃约那样继续出版了这本豪华的鸟类学书籍。勒瓦扬还和著名的雅克·巴拉邦（Jacques Barraband，1767—1809）以及其他艺术家合作，创作了这类风格中最好的一些作品。其中，最漂亮的作品是《鹦鹉博物志》（*Histoire Naturelle des Perroquets*，1801—1805），在艺术史学家龙塞尔（Ronsil）看来，它"或许还是 19 世纪初最美丽的鸟类学作品"。[21]

19 世纪早期华丽的法国鸟类学书籍对图像记录和鸟类研究的普及都很重要。其中一些书籍只关注某个特定鸟类群或某个特定地区，可以看作是早期专著（protomonographs）。[22] 最接近专著的是安塞尔姆－加埃唐·德马雷（Anselme-Gaëtan Desmarest，1784—1838）的《裸鼻雀、侏儒鸟和唐纳雀博物志》（*Histoire naturelle des Tangaras, des Manakins et des Todiers*，1805），该书配有 71 幅美丽的彩色插图，它们都是按照波利娜·德·库塞尔（Pauline de Courcelles 1781—1851）的图画进行雕刻的，而这位深受欢迎的艺术家曾经是巴拉邦的学生。除此之外，这本书还试图为这个鸟类群带来秩序，书中也包含了关于命名原则的复杂讨论。

在波利娜·德·库塞尔小姐——后来的克尼普夫人（Mme Knip）的协助下，特明克于 1809 年开始出版他的专著。这部作品和当时的大部分作品一样，也是分卷印刷的。1811 年第九卷出版以后，克尼普夫人修改

88

了扉页使她自己成为了主要作者，同时她还对文本进行了一些特明克完全不能接受的删减。于是，合作在相互指责中破裂，不过特明克并没有停止，还出版了《鸡类和鸽类综合博物志》（1813—1815），这部作品远没有那么豪华却更加深入，值得特明克把它描述为专著。[23]

虽然1830年以前创作的专著数量很少，但是它们的出现从各个方面表明收藏已经增长到了一定程度，一些博物学家也已经有了一定程度的专业化。公众对这些专业鸟类书籍的赞同也非常重要，可以证明这类作品已经拥有潜在的读者，尽管他们难以捉摸。

分类以百科全书、鸟类志、图像记录、专著以及综合系统分类作品的形式，主导了19世纪前20年里的鸟类学。那么，由布丰例证并推广的鸟类博物学又如何呢？对鸟类的生活史和行为进行观察和描述已经成为了次要的传统，还被局限在地方动物志的部分内容中。甚至在这些作品中博物学也通常服从于分类，随着19世纪的发展它们越来越倾向于成为严谨的鸟类名录。通俗的鸟类书籍为了迎合更普遍的公众，往往会关注鸟类的生活史，但这些描述不是原创的，也不能增添任何博物学知识。19世纪中期以后，由于户外俱乐部和地方博物学会的成立，这一次要传统的数量急剧增长，但是即便如此它仍然是次要的，鸟类学的核心任务和定义任务都是分类。

89　　　鸟类学关注分类，而且这份关注的重要性不应该被贬低。分类经常遭到批评，被认为只是科学发展的初始阶段。例如，开尔文勋爵（Lord Kelvin）曾在他对非数理科学（non-mathematical science）的傲慢评论中说道：

　　……如果你能测量你的谈论对象，并用数字把它表达出来，你就可以知道它的一些知识，但是如果你不能测量它，也不能用数字把它表达出来，你的知识就是贫瘠的、不如意的：它有可能是知识的开端，但是你在思想上几乎达不到科学的状态。[24]

这种态度完全不能领会 19 世纪生物学的重要性，也无可救药地混淆了不同学科的目标和方法。在鸟类学中，关注分类有两方面的重要意义。到 18 世纪末和 19 世纪初，分类的目标是建立自然分类体系。这个目标反映了博物学家为揭示自然中存在的秩序而做出的努力，或者把它放在连开尔文也能理解的语境中：为了发现自然的规律。于是，分类不仅仅是为了便利才对数据进行实用的排序，还可以声称自己是严肃的科学努力。分类的发展还推动了知识的专业化，这导致了鸟类学和其他动物学学科的诞生。研究分类所需的严肃性不断增强，经验数据也不断增加，从而使这种专业化变得无法避免。于是，分类除了专注于自然分类体系（也就是自然中的秩序）的探索以提升鸟类研究的科学重要性，还定义了鸟类学的诞生，因为一个很简单的原因：它把自然划分成不同的大型生物群，而鸟类是其中最大、最有趣和最自然的生物群之一。

此外，鸟类学家自己也意识到了分类的科学严谨性，这使鸟类学远离了不那么"严肃"的努力。例如，特明克是鸟类研究从博物学分支变成科学学科的关键人物之一，或许是被误导，也或许是被他和克尼普夫人的经历影响，他对那个时期流行的鸟类艺术书籍不屑一顾。他曾写道： 90

> 不再是对科学的热爱引导着作者，反而是肮脏的利益控制了他的笔。那杆笔已经卖给了书籍经销商或制图员，这些制图员没有丝毫的博物学知识，往往在缺少指导的情况下按照毫无价值的残留物

［鸟皮］随意地绘制了一些图画，而作者也忽视了这些残留物的腐烂程度，并采用了最低出价者的文本，最终创作出一部令科学和作者都蒙羞的作品。[25]

　　在 19 世纪的前 20 年里，虽然可以明显发现鸟类研究不断增强的严谨性，以及把鸟类学划分为博物学独立知识领域的专业化，但是在当时提到鸟类学这门学科正在形成是不准确的。一门即将出现的学科必须有一定规模的专业人士，他们相互联系，还拥有共同的计划和目标。在 1800 年到 1820 年间，那些深入关注鸟类的少数学者分散各地。他们确实在通信，但是他们的信件并不规律，也没有专门用于鸟类学，因为除了特明克和维埃约，大部分的"鸟类学家"还涉及博物学的广阔领域。例如，伊利格花了和鸟类学相同的时间来研究昆虫学。当时，专著和严格关注鸟类的地方动物志都很少，这在很大程度上体现出学科活动受到了限制，因为创作这些作品需要一心一意的努力，而这在当时十分罕见。同样，资金也很稀缺。伊利格非常幸运，拥有一位富有而且知识渊博的赞助者霍夫曼泽希伯爵；特明克有办法维持经济自足；勒瓦扬受益于时尚潮流以及他生动的写作风格。然而，维埃约却在经济上摧毁了自己。通常这是一份脆弱的存在。只有少数人能够依靠自己的研究工作维持生计，而他们几乎不能通过专门研究鸟类来做到这一点。那些完成了重要鸟类作品的博物学家组成了一个非常小却混杂的团体，他们拥有不同的背景，也处于不同的情况中。不过，就算他们没有表现出足够的相似性，因而无法贴上新一代鸟类学家和新学科的标签，但他们确实反映了不断增强的博物学兴趣，这使许多事情成为了可能：严肃作品的读者，更科学的收藏家对珍品收藏家的取代，以及整体上更严谨的博物学目标。在接下来的 20 年里，那些 1800 年到 1820 年间引人注目的趋势将更加充分地展示它们的潜力，而人们也能够理所当然地提到鸟类学这门学科。

# 第 7 章

## 一门学科的诞生：鸟类学（1820—1850）

18 世纪晚期，社会和经济改革的综合影响从根本上改变了欧洲社会。到 1830 年，这两个改革带来的效应已经相当明显。艾瑞克·约翰·霍布斯鲍姆（Eric Hobsbawm）曾写道：

> 在我们调查的社会生活中，无论在哪一方面 1830 年都标志着一个转折点……无论是在人类迁徙、社会和地理的历史中，还是在艺术和（或）意识形态的历史中，它都显得一样突出。[1]

霍布斯鲍姆还可以在他的列表中添加科学界，因为它也随着 19 世纪欧洲的其他研究机构发生了改变。不过，证明社会和经济变化对科学史的影响是一份艰巨的任务。在鸟类学的诞生这个案例中，有一些明显的证据可以表明这种相互作用。其中一个已经在第三章提到：和商业扩张紧密相联的殖民扩张的巨大影响。1815 年到 1830 年间，政府资助的探险活动明显服务于国家利益。自那以后"英雄时代"结束，海事活动变得更加世俗。[2] 约翰·邓莫尔（John Dunmore）在他关于法国太平洋探索的优秀研究中评论道，在朱尔·迪蒙·迪维尔的首次航海活动（1829 年）之后：

> 因为探索本身、科学、地理知识的扩充以及航海实践而开展的探索活动发挥的作用日渐微弱。科学探索（事实上任何类型的探险活动）变得不那么频繁……。在查理十世（Charles X）统治时，拥有财产的中产阶级就已经开始展现他们的力量，并最终在路易－菲利浦（Louis-Philippe）的统治下完成了崛起。1826 年以后，太平洋地区的商业活动也反映了商人阶层的力量和决心。[3]

这并不是说，带回欧洲的鸟类标本数量减少了。恰恰相反，标本数量呈指数增长！不过，政府启动探险活动不再是为了寻找新大陆，许多派出去的船也只是为了贸易和绘制海岸线。英国的"小猎犬号"（*Beagle*，1832—1836）、"厄瑞玻斯号"和"恐怖号"（*Erebus* and *Terror*，1839—1843），以及法国的"挚爱号"（la *Favorite*，1830—1832）、"维纳斯号"（la Vénus，1838—1839）、"星盘号"和"虔诚号"（l'*Astrolabe* and la Zélée，1837—1840），都带回来了有重大科学意义的重要收藏。旅行－博物学家也利用建好的定居点和贸易路线，深入到更不为人知的地区，而欧洲存在的收藏和博物馆已经足以支持重要的商业采集者如韦罗商行。皮埃尔－朱尔·韦罗以及他的兄弟让－巴蒂斯特－爱德华·韦罗、约瑟夫－亚历克西斯·韦罗在开普殖民地进行了广泛的采集，到1834年他们已经在那儿获得了足够多的材料，可以重建家族的博物类业务并提供相应的商品，他们也很快就把商行发展成为世界上最顶尖的博物类贸易公司。[4]朱尔斯曾依靠政府资助在澳大利亚和新西兰采集了5年，带回了近12000个博物学标本。人们可能会认为，贸易公司如韦罗商行只会对新物种以及"显眼的"标本感兴趣。然而，韦罗兄弟本身就是博物学家（和伦敦的利德比特一样），他们知道从科学角度来看什么是有趣的。他们的野外经验也使他们对野外观察的价值十分敏感，其中朱尔·韦罗就属于那个少数派传统——强调博物学对鸟类学的重要性。在他的记录本中，朱尔·韦罗曾记录了一些有趣的筑巢习惯，并在稍后评论道：

94　　　我认为非常不幸的是，在整个欧洲我们都没有一位科学家处于这种位置［对利用其信息来撰写某个群的专著感兴趣］。通常情况下，科学家对［鸟类的］习性一无所知，于是我只能不厌其烦地重复：在我看来，只有以习性为基础，才能在科学中建立任何持久、稳定的结构。如果我的航海活动能够如我所愿地结束，我非常希望能够传播这份令我终生愉悦的热爱，还希望能够以一种无可争议的方式指出：有必要对我们的年轻科学家进行训练以便从事这类研究。这样几年后我们就会发现，这门科学将获得它在这个文明世界中应该拥有的全部赞美，而在欧洲我们有资格这样要求自己。不过我唯一担心的是，我会在我们的科学家尤其是那些顶级的科学家中间遇到巨大阻碍。[5]

韦罗商行和利德比特商行（Leadbeater & Son）迎合了严肃的博物学家这一顾客群，它们的成功不仅反映了 19 世纪不断增加的可用标本数量，还反映了博物学领域普遍发展并多样化的兴趣。博物珍藏馆曾经十分流行又很有吸引力，是贵族文化的一部分。虽然整个 19 世纪它依然存在，但是那些大型的、严肃的、研究型的收藏越来越公开，加上 19 世纪中期以前发展的一些地方博物馆，一起弱化了博物珍藏馆的重要性。尽管这些地方学会和博物馆到 19 世纪下半叶才会大量增加，但是 19 世纪中期已经有明显的数量存在。比如，英国的地方学会就建立了博物馆，也推广了鸟类研究。[6]亚伯拉罕·休姆牧师（Rev. A. Hume）在他的书籍《英国研究型学会和出版类俱乐部》（*The Learned Societies and Printing Clubs of the United Kingdom*，1847）中指出："在可以组建这类学会的最小城镇中，首要目标就是建立博物馆"。[7]这些博物馆一般都试图强调本土物种，也往往会聘用一位馆长。[8]后来，国会（Parliament）颁布了法规让地方议会建立博物馆，于是地方政府就把许多地方学会的小型私人博物馆合并了。[9]不过，地方博物馆在 19 世纪上半叶的推广仍然提供了一些有限的资金，可以用于标本的获取、制作和看护。这些学会也加强了不断增长的博物学爱好，尽管这种兴趣还往往处于不太完善的水平。在利兹哲学和文学学会（Leeds Philosophical and Literary Society）的第 50 次报告中，委员会曾指出：

　　为了和其他类似研究机构的实践保持一致，学会创始人无疑曾经预期过：学会的很多时间都会用于周边地区的博物学论文，而且主要用于本地区的地质学和动植物调查研究。可是，许多情况导致这份期望没有实现，还把学会的注意力转向了其他目标。经验表明，学会的主要会议成员不是学习科学的人，反而是各种各样的爱好者，而学会期待的那种论文必定专注于技术性细节，会不符合这些爱好者的兴趣。与此同时，已经出现了一些学会和出版物，尤其是那些致力于博物学特定分支的学会和出版物，已经优先吸引了特定研究相关的所有学术交流。结果就是，像我们这样的学会更适合知识的普及和传播，而不是本土调查研究。[10]

爱德华·福布斯（Edward Forbes, 1815—1854）在讨论博物馆的教育作用时可能夸大了情况，他认为大多数的郡博物馆"和西洋景（raree-shows）差不多"，因而不值一提。[11]不过除了少数例外，地方博物馆确实往往缺乏资源和兴趣来持续开展研究。它们的重要性更多地体现在普及知识和提供一些有限的支持上。

比建立地方博物馆更重要的是，印刷行业的变化对鸟类研究造成的影响。19世纪的前30年里，印刷行业发生了重大改革：无尽的机器网络促进了造纸工艺的发展，蒸汽应用到了印刷机上，铅印版取代了活字，还使用了布质的封面。[12]此外，对鸟类学特别重要的还有石版印刷术（lithography）的发明和使用。在《动物学插画》（*Zoological Illustrations*, 1820—1823）中，威廉·斯温森把这些技术引入了鸟类图像的绘制，并确保它们从此以后在博物学中占有一席之地。[13]有几个原因使石版印刷术的运用意义重大。它可以更逼真地描绘鸟羽，通常也增加了插图的准确性，因为博物学家可以直接在石头上绘画，而不用再依赖于雕刻师，他们往往对科学插图缺乏鉴赏力。此外，制作石版远没有雕版或木版那么昂贵。

印刷行业的变化带来了深远的影响，不只是石版的优越性能及其商业价值。它使大量的通俗科学文化（low scientific culture）变得可能，而这些文化即使没有对深奥的科学领域作出直接贡献，也为日益增加的科学作者提供了支持。[14] 同样，它还使价廉物美的鸟类书籍成为可能。当然，这并不是说豪华书籍被廉价论文取代。奥杜邦、古尔德和利尔的华丽艺术创作都属于这个时期，它们都非常受欢迎也很昂贵。关键是能够以较低的成本印刷高质量的插图，而且还可以印刷很多。于是，这些插图纷纷出现在论文、通俗指南和百科全书中。它们还出现在一大批新的期刊中，这些期刊的诞生正是因为印刷技术的变化和博物学作品不断增长的市场。虽然这项事业的潜在经济回报使这些新博物学期刊成为可能，但是它们却非常容易消亡，尤其是那些试图严格关注科学的期刊。《动物学期刊》（*Zoological Journal*）是第一个专注于动物学的英文期刊，它在第 1 卷（1824 年）的引言里告知读者：

> 我们的期刊会优先考虑原始记录和专著。其中最重要的是动物学分 97
> 类的各个主题－比较解剖学－尤其是纲、科、属、种－动物化学－
> 化石学（Palaeontography）和命名法。[15]

虽然这个编辑政策反映了当时被认可的严肃问题，但它并没有面向广泛的通俗读者。1809 年 10 月 3 日，大英博物馆的查尔斯·柯尼希（Charles Konig）写信给林奈学会的詹姆斯·爱德华·史密斯，他在信中建议的策略也没有好很多：

> 也许最好的计划是，首先让它尽可能地通俗易懂，再循序渐进地变
> 严肃，最后当它完全建立时就只用考虑科学的真正进步，而不用再

顾及普通公众。[16]

这类期刊的存在从各个方面反映出一小群严肃博物学家的存在，然而不幸的是，大部分期刊的消亡也暴露出读者的数量有限。不过，那些能够维持生存的期刊都发挥了重要的作用，因为正是在这些期刊中发表了当时研究的简要报告。[17]如第五章曾经提到的，18世纪末和19世纪初出版的机会非常有限。当时的书籍非常昂贵，因而能够出版的书籍也很有限。随着期刊的大量增加，许多新的可能性开启：信息可以更廉价也更广泛地传播，特定学术圈外的个人可以更容易地公布他们的发现，研究中获得的知识也可以更快地交流。

经验数据不断增加，博物馆迅速发展并扩散开来，科学作者的读者群不断扩大，印刷行业的变化带来了巨大影响，这些变革一起促进了博物学爱好的不断发展和多样化。当时，鸟类学被称为博物学的一个知识领域或分支，这个称呼很好地显示了对其专业化程度的认可，即鸟类学已经深入到了不同于其他分支的领域，但同时又不认可鸟类学已经拥有足够的资源，可以独立为一门学科或拥有单独的研究机构如学会、期刊等等。于是，博物学的专业化还没有发展到足以建立新的学科研究机构，但是博物学的各个知识领域已经改变了它的研究机构。19世纪以前，初学者很容易就能接触到科学的学会和出版物。然而，不断增强的专业化和严谨性改变了这种情况。新一代的博物学家试图在更专业和狭窄的领域内运作或建立研究机构。例如，威廉·斯温森在英国发起了艰难的改革以提高英国研究机构的水平。他给同样为这个任务奋斗的查尔斯·巴比奇（Charles Babbage，1792—1871）写信，提到了他在狄俄尼索斯·拉德纳（Dionysus Lardner）编辑的《珍藏馆百科全书》（*The*

*Cabinet Cyclopedia*）中发表的《开篇寄语》（*Preliminary Discourse*）：

> 我避免陷入个人化的管理，我的［原文如此］[①] 主要目标是为了表
> 明：我们的学会没有一个是基于那些可以满足它们目标的原则来进
> 行管理的，因而有必要进行重大改革或组建一个完全不同的学会，
> 它只包含知名的杰出人士，简而言之，这个国家的科学精英应该单
> 独成立一个学会。[18]

1822 年，德国博物学家大会（*Deutschen Naturforscher-Versammlungen*）在
莱比锡（Leipzig）召开。从此以后，全国性会议迅速发展，它们都试图
在某种程度上满足那些对严肃的公共科学论坛的需求。德国科学家和医
生协会（*Gesellschaft Deutscher Naturforscher und Ärtze*）以及仿效德国
的英国科学促进协会（British Association for the Advancement of Science,
1831）都是重要的研究机构，它们定期召开论坛以讨论重要的议题，形
成了一种学术交流方式。由于缺少像法国国家自然博物馆那样的核心
研究机构，德国科学家和医生协会以及英国科学促进协会都发挥了重
要作用。在法国，巴黎的新闻界看不起始于 1833 年的法国科学大会 99
（*Congrès scientifique de France*），认为它不是很"职业"。1841 年，环球
导报（*Le Moniteur Universel*）在一份关于近期意大利科学大会的报道中
指出，这种：

> ……研究机构往往聚集了杰出的先进人士而不仅仅是科学家，严格

---

① 此处原文为"my［sic］"。

来说它是我们这个时代的特征。人们觉得有必要让那些发展知识的人相互交流，从而概括并普及人类知识，并在科学的支持下形成各个民族的联盟。[19]

这份有点自视甚高的报道并不是很公平。全国性会议也有普及的维度，人们还能发现实践科学随着纯科学一起出现。在法国之外，这些大会联结了原本单独开展研究的个人。甚至在法国，法国科学大会也是重要的研究机构，因为它是少数派传统的论坛，也是令巴黎的教授感到不悦的机构。例如，在法国科学大会的年度报告中，人们会发现一场关于物种本质和动物演化的持续讨论，而这个主题据说是在居维叶和艾蒂安·若弗鲁瓦·圣－伊莱尔辩论后才消失的。此外，还有一些关于鸟类的迁徙、行为、演化等等的论文，这些主题在法国国家自然博物馆的出版物中没有得到很好的体现。例如，在法国科学大会的首次会议上，博物学分会主席拉弗雷奈宣读了一篇雀形目鸟类（栖息鸟类）的分类论文，它们是最大也最难分类的鸟类群。虽然这个议题是"主流"，但它的方法不是。拉弗雷奈是和韦罗一样的法国鸟类学家，认为分类的要领是鸟类的习性而不是比较解剖学。[20]

　　全国性会议及其特定分会的发展为科学讨论提供了严肃的论坛。与此同时，它还推动了一种即将形成的、流行更广的科学文化，并展示了学术和通俗的科学文化是怎样在19世纪越来越分离的，尽管它们的目标和参与个体在18世纪还非常接近。对于18世纪末和19世纪初的博物学，林奈学会是英格兰最重要的学会，其历史也反映出同样的趋势。19世纪20年代，该学会的几位成员觉得有必要组建一个更科学的组织。1822年，重要的昆虫学家威廉·柯比（William Kirby）写信给威廉·夏普·麦克里

（William Sharp MacLeay，1792—1865）："总的来说，只有把学会划分成不同的委员会，一个委员会对应一个博物学知识领域，才能促进自然科学的大力发展。"[21] 于是，短命的林奈学会动物学俱乐部（Zoology Club）诞生了。然而，林奈学会内部施加的限制太严格以至于动物学俱乐部无法发展，于是它的成员很快就成立了另一个相当成功的学会：伦敦动物学会。由于它的动物园（Zoological Garden）以及改进农业的承诺，伦敦动物学会获得了公众的支持，因而建立了一份庞大的收藏，可以从事高度专业化的动物学研究。

1820 年到 1850 年间，博物学明显变得越来越专业化。当时的情况是，已经有少量的职业博物学家。[22] 虽然还没有可以贴上"鸟类学"标签的专业研究机构，但是已经可以理所当然地提到这门科学学科。[23] 那么，我们将如何描述它的特征呢？作为一门科学学科的鸟类学诞生于 1820 年到 1850 年间，它以公认专家组成的国际化团体为特征，这些专家研究一系列富有成果的问题，使用公认的严谨方法，并拥有共同的目标。这门学科建立在大量的经验基础之上，并拥有它自己可用的交流方式。

在某种意义上，组成这门学科的鸟类学家是第二代严肃的鸟类学家。第一代鸟类学家包括居维叶、特明克、维埃约和伊利格：他们是首批受益于新数据洪流的鸟类学家，也帮忙确立了 19 世纪上半叶鸟类学的发展方向。第二代鸟类学家的特征是不断增强的专业化以及对更高标准的渴望。1826 年，布里亚－萨瓦兰·安泰尔姆（Brillat-Savarin Anthelme）对家禽的本质做出了如下评论，这可能会被布丰引用，但肯定不会被夏尔·吕西安·波拿巴引用：

我是第二因果性（secondary causation）的坚定信仰者，我坚信所有的家禽被创造只是为了填满我们的食橱，并丰富我们的宴会。

基本上从鹌鹑到雄火鸡，无论在哪，人们只要遇到这类为数众多的个体，就一定能够找到易于消化的食物。这种食物十分可口，不仅适合康复者，也同样适合拥有最强健体魄的人。[24]

这一时期的博物学家都意识到了他们的高度专业化和更加科学的地位。伦纳德·杰宁斯牧师（Rev. Leonard Jenyns）在他的文章"对动物学研究和科学现状的评论"（Some Remarks on the Study of Zoology, and on the present state of Science，1837）中指出：

近年来，博物学不仅和其他大部分科学一样取得了重大进展，还承担了一个重要角色，这个角色它曾经声称过却没有得到认可。当然这并不令人惊讶，只要博物学局限于采集动植物标本——仅仅作为好奇的对象，或者被认为除了经济目标上认可的应用之外再没有更多的成果，它一定会被大多数有思想的人鄙视，或者只能接受在刚刚提到的经济价值直接相关的领域内开展研究。[25]

杰宁斯认为：动物学的发展方向是理解自然中的自然秩序，为了增加我们的知识，人们需要仔细研究已知物种而不只是命名新物种。杰宁斯强调细致的专著对于记录特定领域非常有价值，并建议那些刚进入动物学领域的人："我们建议那些真正渴望推进动物学发展的人……把主要精力集中到一些给定的知识领域，如果可行的话集中到那些研究最少的个别群中。"[26]

期刊文献明显反映了 19 世纪 30 年代发生的专业化程度。我们可以在费利克斯－爱德华·介朗（Félix-Edouard Guérin，1799—1874）的《动物学期刊》[①] 中发现这种专业化，这本期刊发表了配有新物种彩色插图的短篇报告，有一段时间它还分成了可以单独购买的不同部分。[27] 介朗和当时的其他编辑一样，也在艰难地支撑这个专业项目。不过，他合并了其他期刊并最终获得了政府补贴，因而成功地维持了这份活跃的出版事业。他申请政府资助的文档十分有趣，因为它反映出介朗虽然深信这种专业期刊十分重要，但同时又认识到这类商业化的出版物不切实际：

> 《动物学期刊》是唯一一个在法国出版的这类合集，它为动物学家提供了免费的渠道，使其研究工作和发现可以为人所知。这本期刊始于 1831 年，已经存在了 15 年，形成了一份配有 1100 多幅插图的 15 卷合集。这份合集包含了相当多的材料，它们每天都会被各个国家的各种论著作者使用，也会被各个教授在他们的课堂上引用，因而所有认真从事动物学研究的人都感到有必要查阅这份合集。
>
> 　　《动物学期刊》不是《手册》(Manual)，也不是《初级论述》(Elementary Treatise)，后两者是面向学生和那些只希望获得动物博物学概念的人。它有更高、更科学的目标：用新的事实来丰富动物学从而促进其发展。于是，它的读者只能是科学家中的精英，也就是说只有少量的公众。一般来说，他们没有丰厚的财产支持，大部

---

① 原文为 "*Magasin de zoologie, journal destiné a établir une correspondance entre les zoologistes de tous les pays, et a leur faciliter les moyens de publier les espèces nouvelles ou peu connues qu'ils possèdent*"，即《动物学期刊，此刊旨在建立一套学术规范体系以综合各国学界的动物学，简化新发现物种或不知名物种的发布程序，并推动学术发展》，在本书中皆简称为《动物学期刊》。

分会去公共或学会的图书馆查阅这本期刊，因而极大地限制了订阅者的数量。[28]

103　在很多其他的地方，人们也能找到证据表明不断增强的专业化和更高的科学严谨性标准。也许最好的体现是休·斯特里克兰（Hugh Strickland，1811—1853）在 1844 年英国科学促进协会会议上做的报告"鸟类学最新进展和现状报告"（Report on the Recent Progress and Present State of Ornithology）。斯特里克兰把自己局限于 1830 年以来鸟类学的严肃"进展"，忽略了"那些缺乏科学报道的作品以及那些简单的汇编，这些汇编被认为缺乏新的、独创的思想，因而只能传播科学而不能推动科学进步"。[9] 斯特里克兰的主题如此庞大，以至于他觉得有必要把它划分为九个题目：综合的系统分类学作品、地方鸟类志、特定群体的专著、物种的各种描述、插画、鸟类的解剖学和生理学（主要是比较解剖学的成果）、化石、博物馆以及迫切需求。这份 50 页的报告试图总结过去 15 年的重要研究，阅读这份报告一定会让它的读者对鸟类学的发展印象深刻，而这个激动人心的发展仅仅发生在不到半代人的时间里。斯特里克兰列出的期刊都致力于博物学，也包含了鸟类学的独创贡献，其中有 10 个英国的和 19 个外国的。他列出了从莫斯科到费城的 34 个科学学会，它们的出版物包含了鸟类学的细节，他还记录了许多博物馆的名字，这些公共和私人博物馆都拥有鸟类收藏。其中，最有启发性的内容是斯特里克兰列出的 8 种迫切需求：（1）不断增强的属的命名准确性和一致性；（2）明确区分物种和变种的方法；（3）习性、解剖学、鸟卵学和地理分布的信息；（4）对至今未知（在鸟类学上）的地区如中国、马达加斯加等等的探索；（5）对已知物种的名称及特征的详细审查；（6）集中科学信息以避免指名种（nominal species）的方法；（7）更多普通鸟类学研究或专著（不是"几乎泛滥的主题如欧洲或英国鸟类学"）；（8）更科学的鸟类学收藏排列方式，包括公共和私人收藏。[30] 这是一份很有启发性的列表，它主要关注那些改善鸟类学的实践。分类的主要议题被确定为属的研究以及定义物种的研究，而不是获得新物种和建立新的整体分类的大致框架。收藏需要加入秩序而不是扩展。甚至鸟类的博物学研究也被认为有必要，尽管它们被认为重要主要是因为它们有可能揭示分类。

104

　　斯特里克兰的评论文章值得注意，因为它囊括了一段相对较长的时间里的各种不同主题。期刊如创办于 1835 年的《博物学档案》（*Archiv für Naturgeschichte*）包含了动物学"进展"的年度评估，还记录了各个知识领域做出的重要研究。在斯特里克兰的报告或期刊的报告中，不难发现一个由国际公认的鸟类学家组成的核心团体：英国有古尔德、威廉·麦吉利夫雷（William Macgillivray，1796—1852）、亚雷尔、威廉·贾丁（William Jardine，1800—1874）、普里多·约翰·塞尔比（Prideaux John Selby）、斯温森、威格斯、乔治·罗伯特·格雷（George Robert Gray，1808—1872）、斯特里克兰和爱德华·布莱思（Edward Blyth，1810—1873）；法国有拉弗雷奈、若弗鲁瓦·圣-伊莱尔和莱松；德国有利希滕施泰因、尼切、马克西米利安亲王、布雷姆、瑙曼、吕佩尔（Eduard Rüppell）、约翰·巴普蒂斯特·斯皮克（Johann Baptist Spix）、瓦格勒和考普；瑞典有尼尔松和卡尔·雅各布·松德瓦尔（Carl Jacob Sundevall）；澳大利亚有纳特尔；荷兰有特明克以及稍后的斯赫莱赫尔；美国有奥杜邦；意大利有波拿巴。这些人要么独立富有却花费了大量的时间和精力——相当于有报酬的工作者，要么能够利用他们的鸟类学研究工作来直接或间接地维持生计，在这种意义上这些人都是职业的。他们大多数和那几所拥有职业工作人员的大型博物馆有关。这群人迥然不同又散布各地，把他们团结起来的不是核心的研究机构、国际化的学会、重要的出版物或学科创始人，而是一系列富有成果的问题和共同的整体目标。

105　　　鸟类学的核心问题以分类为中心发散开来。其中，记载了丰富材料的文档是基础。布丰的《彩画博物学大典》是图像记录的奠基之作，19世纪早期华丽的法国鸟类书籍也对其进行了补充。1820年，特明克和法国收藏家巴龙·梅弗朗·郎吉尔·德·沙尔特鲁斯合作，在《新编鸟类彩色图集》中延续了布丰的插图，到1839年该书最终额外描述了661个物种。和布丰的插图一样，特明克的插图也很快就发挥了重要作用。例如，伦敦动物学会会长在1839年的报告中抱怨道："由于缺乏书籍，鸟类命名面临着巨大困难。特明克的彩图［原文如此］[①] 很有必要，古尔德先生也觉得需要这部作品，他生前曾提到没有这部作品他将难以开展研究。"[31] 可是，插图永远不能取代标本尤其是模式标本的重要地位，重要的鸟类学家如特明克、波拿巴和古尔德经常发现他们需要广泛地查看欧洲的公共和私人收藏。不过对于日常实践，书籍已经足够了。幸运的是，印刷技术的改进、公众对豪华博物学书籍的热爱，以及高质量的鸟类学调查研究使各种力量巧妙地融合在一起，产生了一系列豪华鸟类书籍，不仅满足了科学对文档的需求，还满足了公众的爱好。在这些华丽的创作中，最著名的是奥杜邦和古尔德的作品。

　　约翰·詹姆斯·奥杜邦对北美鸟类的艺术呈现往往具有激动人心的效果，也在欧洲引起了相当大的轰动。由于他的图画在美国没有引起

---

① 此处原文为 "Planches Coloriées［sic］"。

足够的兴趣，奥杜邦就前往了对其作品十分欣赏的英国，并在那儿进行了雕刻和出版。他最著名的合集是《美国鸟类》，书中包含了 435 幅插图，绘制了 489 种共 1065 只鸟类图像，是最华丽的鸟类艺术作品之一。为了按照真实大小描绘鸟类，它采用了双象对开本（double elephant folio）① 的形式出版。《美国鸟类》特别值得注意，这是因为它和大部分的鸟类艺术书籍不同，它是比照活鸟或刚屠宰的标本进行绘制的。[32] 因为奥杜邦没有接受过系统分类学和命名法方面的指导，所以他在很多方面都处于鸟类学研究的主流之外。不过，他是一位伟大的艺术家和细心的野外观察者。1831 年到 1839 年间，奥杜邦出版了 5 卷本的《鸟类学纪事》（Ornithological Biography），幸运的是该书由威廉·麦吉利夫雷编辑，奥杜邦也在第 1 卷的序里表扬他"完善了科学细节，使粗糙的鸟类学纪事更流畅"。[33] 不过，这些细节并不是最重要的。弗雷德里克·居维叶（Frédéric Cuvier，1773—1838）在一篇相当深刻的《鸟类学纪事》评论中写道：

> 然而，奥杜邦先生不是博物学家，他是灵巧的画家和聪明的观察者。也许正是由于他对研究自然十分陌生，才使他创作出新颖的博物学作品，因为职业博物学家不可能有撰写这种作品的想法。目前给定的科学方向不可能带来奥杜邦先生所从事的这种研究，而现在关注自然生物研究的人又或多或少地追随着这个方向。[34]

奥杜邦记录了鸟类的行为和生活史，这些内容在某种程度上被当时的大

---

① 这种大小的书籍长度为 50 英寸。

多数鸟类学家忽略了。不过，弗雷德里克·居维叶加上韦罗和拉弗雷奈都在从事这个次要传统的研究，而居维叶在评论特明克的插图时还抱怨道，专业化影响了"博物学"的方向：

107

迄今为止，特明克先生仍然只是初步介绍了鸟类的博物学。为了提供鸟类知识，他需要为我们继续提供博物学，确切地说是鸟类的博物学。因为没有这些活鸟的知识（通过充满生机的鸟类，可以认识到自然的设计以及它们在地球上的使命，简而言之，活鸟才能够实现它们在整个自然经济体系中必须发挥的作用），鸟类学就只是一门不完善的科学，只能让我们抵达结构的入口。然而我们热衷于外部，这使我们完全忽略了内部的所有财富。

不幸的是，现在专业化不仅是鸟类学的特征，还是所有自然科学的特征。博物学家的唯一目标是采集物种，并根据它们的相似程度来进行比较。研究行为，识别特征，区分本能，研究智能程度；理解这些现象的关系，鉴别它们的相互影响，推断上帝（Providence）创造动物时的设计以及动物存在的意义；这些想法几乎已经变得和科学完全无关。没有一个学派承认它们，它们也没有表现出任何学术上的生命力。于是，特明克先生在他的出版物中几乎没有提到鸟类的博物学，就不足为奇了。当时特明克在他的珍藏馆中开展研究，只能查阅他的收藏，并请教那些写过鸟类作品的博物学家。[35]

约翰·古尔德与特明克和奥杜邦的鸟类书籍都有相似之处。它们都是多卷的大型对开本，包含真实大小的图画，是重要的图像记录文档。[36]

和奥杜邦一样，古尔德的作品也是商业项目。通过组织采集者、石版工人和印刷工人，古尔德出版了自己的书籍。[37] 至于插图，古尔德先绘制草图（稍后会加工成水彩画），再由许多技术高超的插画师轮流把这些草图绘到石板上，其中最值得关注的是他的妻子伊丽莎白·古尔德（Elizabeth Gould），在她去世之后是生于 1821 年的亨利·里克特（Henry Richter）。此外，以《鹦鹉或鹦鹉科插画》（*Illustrations of the Family of Psittacidae, or Parrots*，1832）闻名的爱德华·利尔（Edward Lear）也曾帮忙完成了一些早期作品。古尔德和奥杜邦一样也亲自完成了一些野外研究，其中最值得注意的是他在澳大利亚记录了 300 个新物种。不过，和奥杜邦不同的是古尔德对博物学家脑海中盘旋的问题更敏感，因而成为了鸟类学这门学科的一分子。古尔德 23 岁就开启了职业生涯，当时他是动物学会的标本剥制师，不过他很快就升迁为动物学会的鸟类收藏主管。于是，他处于一个相当理想的位置，可以开始熟悉系统分类学。由于职位的关系，他还有机会前往一些重要的欧洲收藏进行考察。到 1836 年古尔德已经拥有了足够的能力，于是查尔斯·达尔文（Charles Darwin，1809—1882）请他研究鸟类收藏以出版作品，而当时达尔文才刚结束"小猎犬号"（*H. M. S. Beagle*）的探索活动。[38] 于是，古尔德的出版物和特明克的作品一样，也对系统分类学和图像记录作出了重要贡献。

〔108〕

奥杜邦、古尔德、特明克以及其他人提供的文档大部分是关于外部形态的。虽然单个物种的博物学信息已经被认可十分有趣，还对未来可能完善的鸟类博物学有用，也尽可能地包含了这类信息，但是它们并没有被广泛地搜集。同样，尽管不断地积累和收集信息，关于鸟类分布的研究仍然是次要的。鸟类学家的注意力主要集中在分类的技术性问题上。有四个主要的问题：区分变种和物种，建立属，构建自然分类体系，以及标准化命名。由于详细的鸟类信息不断增长带来的副作用，第一个问题变得非常突出。1835 年和 1836 年，爱德华·布莱思都在《博物学期刊》（*Magazine of Natural History*）上发表了文章，这些文章可以表明关于这个问题的讨论已经变得多么复杂。布莱思区分了两类不同，前者是季节性变化、年龄差异和性别差异，后者是简单的颜色大小变异、获得性变异以及最终的真正变种。[39] 虽然对于强调物种的完整性以及在实践中消除我们所谓的变种，布莱思的想法非常保守，但是从他的讨论可以看出经验信息已经相当庞大，因而可以做出这种区分。它还反映了达尔文之前大部分鸟类学的静态研究进路，也反映了物种迅速增加的趋势——把各个群体分割成更小的单元并把它们视为真正的物种。这种研究进路或许被路德维希·布雷姆运用到了极致。布雷姆和布丰不同，布丰认为气候和环境能够产生变种，而布雷姆认为物种是不可变的，因此任何地理变异都是不同的物种。而特明克在莱顿的继任者赫尔曼·斯赫莱赫尔则发明了三名法来简化命名。

比起物种的分割，更重要而且讨论更广泛的是难以驾驭的林奈属开始分裂。专著中包含的详细信息和日益增长的经验基础都为属的分裂提供了实践和学术上的必要性。1820 年，莱瑟姆写信给詹姆斯·爱德华·史密斯时提道，他对特明克使用了略多于 200 个属这件事感到震惊，这几乎是他曾经需要使用的两倍。到 1844 年，乔治·罗伯特·格雷在《鸟类的属》（*The Genera of Birds*）中描述了 815 个属，试图给汇集自其他作者的 2400 多个属带来秩序。

大量较低分类学水平的研究工作，即个别属和科的专著、属的分割以及数百个新物种的描述，使获得整个鸟类自然分类体系的信念变得更加强烈。和林奈早期的《自然系统》一样，居维叶的《动物界》也因其完整性和总体结构造成了巨大影响。不过，他排列鸟类的具体方式也明显有主观的、人为的方面。对此我们曾讨论过的一种应对方法是，从事解剖学的调查研究以获得更好的解答，并揭示鸟类分类的统一基础。布兰维尔、尼切和卡尔·雅各布·松德瓦尔（Carl Jacob Sundevall，1801—1875）都在从事这种研究，并在 19 世纪晚些时候取得了成果。另一个应对方法是用鸟类的习性知识来补充比较解剖学。拉弗雷奈和韦罗就采取了这种研究进路。然而，可用数据的缺乏阻碍了它的发展。

19 世纪中期出现了关于类同（affinities）① 的研究，它基本上是在 110 尝试把所有已知的鸟类分类体系合并成一个，在很多人看来它也是合理的、有可能带来成果的学术项目，可以揭示自然中的分类体系。各个分类体系的巨大差别以及它们采用的各种不同原则造就了这条研究进路的吸引力。休·斯特里克兰（他的报告才讨论过）试图以归纳的方式来详细描述类同，他利用的物理特征会使人联想到林奈的植物自然分类体系框架。[40] 斯特里克兰想从底部往上构建分类体系，也就是说从个别物种开始，把它们和那些基本特征最接近的物种进行比较（从比较解剖学的角度）。"自然分类体系可能、也许"他写道，"最切合实际，可以把它比喻成分叉不规则的树，更确切地说是各种大小不同、生长方式相异的树和灌木的集合"。[41] 从历史的角度来看，这就像是对帕拉斯那段时期无意而有趣的复古，斯特里克兰还对此补充道：

> 如果这种说明能被证明合理，那么博物馆可以用一种令人愉悦的方
> 式来展示类同的秩序，可以先搭建人造树，把它的分枝和鸟类每个

---

① 在此"类同"指可以表明关系的相似特征，尤其是动植物在结构上的相似之处。

给定的科对应起来，再从每一个属中挑选一个填充标本，最后按照真正的秩序把它们放在树枝上。[42]

斯特里克兰没有提出遗传关系，他采用了隐喻而不是有机体。比如，他曾写道：

> 目前我们只能说，类同的分支确实存在。不过，无论是它们太简单因而可以在平面上准确描述，还是它们更有可能会呈现出不规则的立体形式，现在做决定都言之过早。它们的性质甚至有可能相当复杂，无法用空间形式来准确表示，反而像那些几何学家难以描述的代数公式。[43]

111　　斯特里克兰的方法有很多可取之处，也适合当时的特殊情况。它和利用完全习性的布卢门巴赫学派的传统有关，这个传统既可以在伊利格的研究工作中发现，也可以在一些巴黎解剖学家如伊西多尔·若弗鲁瓦·圣－伊莱尔（Isidore Geoffroy Saint-Hilaire）的相关却独立的研究工作中发现。[44]

　　和斯特里克兰谨慎的归纳研究进路不同，某些探索类同的作者认为：通过这些研究，他们已经揭示了自然中简单、普遍的规律。威廉·夏普·麦克里在《霍莉昆虫学；或环节动物论集》（*Horae Entomologicae; or Essays on the Annulose Animals*，1819）中主张，生物之间有一种可以看作是圆形的秩序。通过追踪类同，也可以发现一个群内的关系回到了起点。于是，人们遇到了一个令人愉悦的对称关系。19 世纪 20 年代，尼古拉斯·艾尔沃德·威格斯向林奈学会递交了一系列论文，把麦克里的想法拓展到了鸟类学领域。在这些论文以及《动物学期刊》

上发表的系列文章中，威格斯为鸟类勾勒出一个整体分类体系。该体系以麦克里的规则为基础，各个层级的圆圈都包含五个单元，因而被普遍称为五分法体系（quinary system）。这个体系具有吸引力，一部分是因为它不仅组织了材料，还有微弱的预言能力。从 5 个目往下划分，每个目由 5 个科组成，每个科包含 5 个属，等等。（要么发明更好的划分方法），否则人们遇到没有已知群填充的空白区域，就可以假定还没有发现那些群。

五分法体系有很大的吸引力，因为它把动物界当作一个整体来进行研究，在审美上也令人感到愉悦，它还和林奈以及自然神学的传统相容。[45] 此外，它所采用的阐述方式不仅能够吸收比较解剖学的信息，甚至还能吸收关于分布、行为等等的破碎信息。威廉·斯温森在很多出版物中试图拓展这个分类体系的整体框架。他把同一层级的五个圆圈划分为 3 个群[①]：典型群（typical）、不完全典型群（subtypical）和异常群（aberrant），这种划分最终却反过来混淆了同一层级的典型群和不完全典型群。其中，典型群的成员：

……被最完美地组织起来：也就是说，这个群得天独厚地拥有最多的完美物种，它们能够最大程度地发挥各自所在圆圈的特有功能。这种情况在所有的典型群中都普遍存在。不过，典型圆圈的类型和异常圆圈的类型截然不同。在第一种圆圈中，我们可以发现各种属性的组合好像都集中到了这些个体，但它们却没有一个能够非常明显地超越其他。而在第二种圆圈中情况完全相反：在这些极端的个体中，一种能力发展到了极致，就像是为了弥补其他能力的完全缺

---

[①]　此处一个群可以是一个圆圈，也可以是几个圆圈。

失或过于微弱。[46]

单方面的高度发育是异常群的整体特征，异常群的三个次级圆圈以不同的方式展现了这种发育。这三个圆圈分别是水生的（生活在水里，有巨大的体积、大脑袋、未发育或稍微发育的脚，食肉），吸附的（吸取食物，体积小，没有防卫能力，咀嚼器官有缺陷），以及搔地觅食的（体积大，有发达的脚、尾巴和头部附属物，更聪明温顺）。不完全典型的种类介于典型的和异常的之间。它们的特征是：

> ……拥有最强大的武装，要么是为了给它们的同伴造成伤害，要么是为了给人类带来恐慌、造成伤害或制造麻烦。它们往往嗜杀，因为其中最常见的种类都是靠掠夺生存，并以其他动物的鲜血为生。简而言之，它们是象征邪恶的类型。[47]

斯温森的总体特性描述有很大的灵活性，因为他相信每个动物个体都承担了九层类型①，而且通过一系列基于内外部物理特征、功能和习性的复杂类比，每个动物都和自然中它所在圆圈之外的其他动物相关。在他的 2 卷论著《鸟类博物学和分类》（*On the Natural History and Classification of Birds*，1836）中，斯温森把他的新巴洛克版（neo-Baroque）五分法体系应用到了鸟类分类。

倡导五分法体系的英国博物学家主张：这个体系可以从观察中获得支持，也可以从事实中推断出来。不过，一些人如斯特里克兰指责他们

---

① 九层类型分别为：界、门、纲、目、科、属、种、亚种和个体。

构建了一个先验的理论，人们会发现这个理论"用理性去检验是不合适的，用观察去检验又是不真实的"。[48]尽管有这些批评，五分法体系还是相当受欢迎。

由于基本规律可以提供自然分类体系的要领，某些德国博物学家对基本规律的探索也十分关注。除了伊利格和瓦格勒的系统分类学，还有一种深受自然哲学家影响的尝试，即从第一原理出发设计分类体系。而这些自然哲学家都深受弗里德里希·威廉·约瑟夫·舍林（Friedrich Wilhelm Joseph Schelling，1775—1854）的作品启发，它们都关注自然。这些分类体系都有推测、分层以及关注解剖学特点的特征，它们从人这一理想动物开始，利用人的特征来定义整个群，其中最著名的有洛伦茨·奥肯（Lorenz Oken，1779—1851）、赖兴巴赫和考普完成的分类体系。例如，考普和斯温森一样也采用了五个基本单元的方式，只不过他是用人的五种感官来定义五个组成部分。[49]这些博物学家并不想证明他们的体系是"从事实推导的"；恰恰相反，事实是从这些第一原理"推导的"。

虽然对自然分类体系的基础，甚至连建立这个基础的方法都缺乏共识，但我们不应该忽略这个事实：在整个鸟类学领域，有很大一部分博物学家在从事这份探索研究。实际上，情况并不像人们想象的那么混乱。居维叶和特明克曾分别概述了鸟类分类体系的大致框架，它们获得 114 了大部分"新"分类体系的认可，也被大多数鸟类学家兼收并用。此外，由格雷汇总并确定的鸟类属也很快就成为了权威。[50]特明克在《鸟类学手册；或欧洲鸟类全录》第 2 版中增添了一份索引以更新莱瑟姆的《鸟类综述》，而夏尔·吕西安·波拿巴曾前往欧洲的每一个重要收藏，仅仅是为了创作一份数量更多的最新物种名录。

19 世纪上半叶，分类取得的最大成就是命名的标准化。因为这种标准化是明显需要的约定而不是经验或理论问题，所以比起自然分类体系的基础，关于它的争论没有那么激烈。如《"统一不变的动物学命名规则探讨"委员会报告》(Report of a Committee appointed "to consider of the rules by which the Nomenclature of Zoology may be established on a uniform and permanent basis")的序曾提道：

> 所有熟悉动物学现状的人都必须意识到：由于命名的模糊性和不确定性，这门科学遭受了巨大的损失。在此，我们并不是谈论语言的多样性，它源于不同的作者所采用的各种分类方法，而以我们现有的知识它是无法避免的。只要博物学家看待动物自然类同的观点不同，就一直会有各种各样的分类，而获得自然的真正分类体系只有一种办法，那就是让系统分类学在这一方面完全自由。相反，我们抱怨的是一种不同的特征表达方式。它的主要特点是，当博物学家对单个群或种的界限以及特征达成共识时，他们对识别它的名称仍然存在分歧。一个属往往会有三个或四个名称，而一个种的名称是属的两倍，都是完全相同的同物异名。由于命名缺乏规则，博物学家完全不知道应该采用哪种命名。于是，所谓的科学共同财富被日益分割成独立的状态，而语言的多样性和地理的限制使它们更加破碎。例如，如果一位英国动物学家去法国考察博物馆并和当地的教授交流，他会发现他们的科学术语几乎就像他们的方言一样陌生。几乎每一个他检查的标本都贴着他不知道的名称，这使他觉得无论以何种形式继续待在这个国家都不能让他熟悉它的科学。如果他从那儿进入德国和俄罗斯，他会再次不知所措：对到处混淆的命名感到疑惑，他会在绝望中返回祖国，回归他习惯的博物馆和书籍。[51]

115

命名标准化显然符合每个人的利益，而即将诞生的动物学学科都具有国际化的特征，这使命名标准化有了实际需求。英国科学促进协会曾希望其委员会提出的一系列规则可以：

> ……被赋予权威，可是单个动物学家无论他多么优秀，都不可能赋予这种权威。科学界不再是君主制，不过它仍服从于亚里士多德或林奈的条例。现在科学界已经呈现出共和国的形式，虽然这种改革有可能增加科学追随者的活力和热情，但也摧毁了很多科学界之前的统治秩序和规则。而后者只能通过设计一些法则来进行修复，这些法则应当基于理性并得到科学家（men of science）的同意和认可。[52]

该委员会的报告获得了巨大成功，它建立了先验法则，采用了林奈的双名法，并指定了《自然系统》第 12 版为基本参考书。它还为鸟类学建立了法则并提供了建议，也对命名法的整体改进做出了评价。这份报告具备最优良的林奈传统：清晰、实用并简单。于是，毫无意外它被迅速地接受和使用。

命名法给动物学尤其是鸟类学带来了改革，这门通用语言不仅促进了交流，消除了大量不必要的疑惑，还是帮助鸟类学家通往其共同目标的重要步骤：完整的世界鸟类目录。二代以前的鸟类学家布丰和布里松只能以各自的方式想象这种汇编，而 19 世纪中期的鸟类学家却可以在不久的将来看到这份目录。从布里松的写作风格可以明显看出，他的目录是鸟类各个属、种的名录和特性描述。同时，目录中缺乏的内容也很有 116

117

图 10　"波拿巴"石版画（1849 年），由马圭尔
（J. H. Maguire）制作。（作者的收藏）

揭示性。虽然渴望对每种鸟类的博物学进行彻底的讨论，但这仍需要很长一段时间才能实现。尽管解剖学的观点对大部分类框架都很重要，但是在鸟类目录中多半不会发现解剖学与生理学本身。它们是独立的学科，使用鸟类资料主要是为了说明解剖学与生理学的问题。此外，好像也没有任何关于鸟类和其他动物关系的长篇大论，因为那是普通动物学和系统分类学的研究领域，而在系统分类学领域还没有达成任何共识。

在 19 世纪中期的大型目录的开篇中可以发现，这份共同目标——鸟类全录（general catalogue）被认为不再遥远。特明克在《鸟类学手册；或欧洲鸟类全录》第 2 版（1820—1840）的索引中增添了一份物种名录，补充了莱瑟姆的《鸟类综述》。在 1840 年，乔治·罗伯特·格雷出版了《鸟类属名录》（*A List of the Genera of Birds*），它源自为了重新排列大英博物馆的鸟类学收藏所做的研究工作。格雷试图罗列当时所有合理的属名称，还试图区分同物异名。几年以后，他把上述名录拓展为《鸟类的属；包括它们的整体特征，每个属的习性记录，以及几个属的详细种名录》（*The Genera of Birds; Comprising Their Generic Characters, a Notice of the Habits of Each Genus, and an Extensive List of Species Referred to Their Several Genera*，1844—1849），并最终成为了整个欧洲的标准参考工具书。

所有鸟类目录中最详细、最有抱负的是夏尔·吕西安·波拿巴（1803—1857）未完成的作品《鸟类属总览》（*Conspectus generum avium*，1850）。在这部作品中，波拿巴试图囊括所有已知的鸟类物种，这在当时被认为有 7000 多种。虽然任务非常艰巨（Herculean）——对描述进行汇总和比较、检查标本并明确同物异名，但是波拿巴决定完成这个任务。同时，他也完全有这个资格。[53] 他从青年时期就对鸟类学充满了热情，他还非常幸运，有办法全身心地从事鸟类学研究。波拿巴在年

118

轻时曾前往美国考察，不久他便开始着手完善威尔逊的《美洲鸟类学》，最终他通过博物馆研究而不是野外考察完成了这份令人钦佩的工作。当他回到欧洲，波拿巴还考察了重要的公共和私人收藏，并很快地成为了鸟类学最重要的专家之一。[54] 他充分利用了莱顿、柏林和伦敦的丰富收藏，最终定居巴黎并在法国国家自然博物馆工作。波拿巴的研究不仅受益于他能考察很多重要的收藏，还受益于一系列 19 世纪中期开始出现的博物馆鸟类目录。1844 年，《大英博物馆鸟类标本收藏名录》（*List of the Specimens of Birds in the Collection of the British Museum*）的第一部分完成，而柏林的利希滕施泰因也创作了一系列鸟类目录，其中最著名的是《柏林动物博物馆鸟类名录》（*Nomenclator Avium Musei Zoologici Berlinensis*，1854），它描述了一份拥有 4000 种标本的收藏。这些目录是有用的指南，展示了不同收藏的藏品，更重要的是它们通常确定了标本的来源，是模式标本的索引。伦敦自然博物馆的首任馆长理查德·欧文（Richard Owen，1804—1892）很好地描述了这些目录的价值，在发给众议院特别委员会（House Select Committee）的声明中，他回应了关于收藏目录重要性的问题。"我认为，"他说道，"在国家的博物学收藏中目录是非常必要的，事实上这种目录构成了收藏的灵魂。"[55]

波拿巴的去世使科学界没能拥有完整的《鸟类属总览》。波拿巴完成的研究工作得到了广泛认可，这可以在一系列信件中找到证据，它们都是重要的博物馆以及该领域公认的专家写给政府的信，而韦罗曾经把这些专家召集起来以完成波拿巴的鸟类名录。[56] 可是，《鸟类属总览》仍然没有完成。尽管如此，它也表明一份完整的目录即将出现；而不到一个世纪以前，布丰或布里松还只能在巴黎模糊地想象这个目标。

当然，比起瑞欧莫、布里松和布丰的时代，当时已经发生了很多变化。正如我们在前面章节看到的，鸟类学的经验基础发生了不可思议的增长，博物学收藏也从好奇型的珍藏馆变成了研究型的博物馆。关于鸟类的文献也发生了同样的转变，甚至变化得更多，倾向于更加的专业化。在某种程度上，专业化是大量技术和社会因素的自然结果。欧洲的经济扩张、印刷行业的变化和公众的热爱都为职业的工作机会、关注领域狭窄的出版物以及鸟类学家的交流创造了更大的可能性。1830 年以后出现了一个由公认专家组成的国际化团体，他们相互联系，也分享共同的严谨方法以研究一系列他们认为有趣的问题。这些问题以分类为中心发散开来，因为对数量剧增的鸟类标本进行分类是最紧迫的问题。正是这种对分类的关注以及鸟类完整目录的目标从根本上定义了鸟类学，也就是说把它和其他生物的研究区分开来。作为一门科学学科的鸟类学已经存在，它和许多 19 世纪的科学学科一样，一旦诞生就迅速发展：期刊、学会、目录以及紧随其后的出版物都在快速增长。如果 19 世纪下半叶的鸟类学家再被问到关于鸟类知道什么，他将回答：人们知道很多。他这么说的时候，表达的意思完全不同于一个世纪以前某位绅士对这个问题的同样回答。这两个回答的不同正好反映了对鸟类的认知不同，而这是由鸟类学这门科学学科的诞生带来的。

120

# 第8章
## 作为一门科学学科的鸟类学的诞生意义

为了更好地理解鸟类研究在不到一个世纪里发生的变化，我们可能需要把开启这段研究的两部作品和结束这段研究的一部作品进行对比。事实上，把布里松的《鸟类学》（1760）以及布丰的《鸟类博物志》（1770—1783）和波拿巴的《鸟类属总览》（1850）进行比较，可以很好地说明鸟类学在18世纪下半叶和19世纪中期的区别。

布里松和布丰都非常敏锐地觉察到他们的局限性，认为他们仅仅是为鸟类研究提供了新起点。他们的经验基础十分狭窄：瑞欧莫的收藏，其他显要的巴黎珍藏馆，早先作者的少量出版物，以及有限的科学通信。尽管如此，布里松和布丰所描述的物种和变种几乎是约翰·雷的四倍，而雷描述了500种。他们还为读者提供了大段描述以及科学准确的雕版画。在他们看来，这两部作品是为普通的博物学爱好者撰写的，他只要对自然感兴趣也接受过适当的良好教育，就可以理解它们。布丰的多卷本因其优美的散文形式而广为流传，它和布里松的鸟类学一样，也是精致的出版物，采用手工纸印刷并使用镶金皮革装订。

夏尔·吕西安·波拿巴的《鸟类属总览》是2卷简朴的八开本图书，这套布装订的书籍采用批量生产的纸张印刷，没有任何文风或审美上的吸引力，和布里松以及布丰的法国洛可可式四开本系列书籍形成了鲜明对比。而这份区别正好反映出鸟类学从沙龙到研究的转变。波拿巴的作品还反映出鸟类学已经从地方性的个人事业变成了国际化的学科，其重要性远甚于前。尽管波拿巴已经充分利用了巴黎的收藏（到他的时代这些收藏已经大大扩展），但他还额外考察了"欧洲以及美洲的博物馆和森林"[1]，尤其是壮观的莱顿收藏，它拥有大量未命名的外来物种。因此，他描述的物种数量几乎是布里松和布丰的四倍。和前人的作品不同，波拿巴为受过教育的专业人士写作。为了理解《鸟类属总览》，读者需要接受鸟类分类学家的训练。这部800页的书籍完全用于记录物种的详细名录，同物异名或概要，以及分布情况。书本的组织结构借鉴了那个时期复杂的系统分类学，各个条目也呈现了19世纪中期可用的大量鸟类文献。波拿巴完全没有把自己当作鸟类学的先驱，他的目标只是提供一份几乎完整的鸟类名录。他的《鸟类属总览》是不完整的，因为他在完成这个项目之前就去世了（1857年）。不过即使没有完成，他的同行也认为这是一项重要的成就，是实现鸟类综合目录的重要步骤，而这份目录是影响鸟类学学科的几个核心目标之一。

在布里松的《鸟类学》问世以后的这个世纪里，鸟类学确实发生了改变。它从以收藏－目录式博物志和百科全书为代表的主题变成了反映一门科学学科存在的主题，前者是为普通读者而写，后者的研究方法十

分严谨也有严格的规定，主题也局限在几个约定的重大问题上，读者是

123 受过训练的个体组成的具有高度批判精神的专业团体。不过，比起只是
澄清鸟类研究如何从非常有限的活动变成了重要的科学学科，18 世纪末
和 19 世纪初发生在鸟类学中的故事还有更重要的意义。因为鸟类学是首
批诞生为独立学科的博物学知识领域之一，还因为它对理论上的争论、
研究机构的发展以及博物学的广受欢迎都很重要，所以本专著作为 18
世纪末和 19 世纪初博物学史的案例研究有相当重要的历史意义。就此
而言，本专著条理清晰地论证了关于那段历史的两种现行说明都有不足
之处。这两种观点已经在引言里进行了描述。其中一种观点认为博物学
已经让位于生物学，也就是说，它促成了这样一种想法：据说在生命科
学领域发生了认识论和方法论的转变，于是科学家不再只是编目自然，
反而开始把"生命"（life）本身当作研究对象。米歇尔·福柯（Michel
Foucault）曾以下述方式清晰地阐述了这种观点：

> 历史学家想撰写 18 世纪的生物学史，但是他们没有意识到当时生
> 物学并不存在，而 150 年来我们熟知的知识模式也不适合之前的时
> 期。当时人们并不知道生物学，有一个非常简单的理由可以说明：
> 那就是生命本身并不存在，存在的全是通过博物学构建的知识网络
> 认识的生物（living beings）。[2]

在福柯的观点里，一般认识论立场是"古典时期"的特征，它在 18 世纪
末就已经破裂，被一种不同的思想秩序取代。

无论多么遥远，科学总是在设法找出这个世界的完全秩序。科学也

一直致力于发现简单的元素以及它们进一步的组合。然后，科学在其内部形成了一张图表，在这张图表上知识呈现出一种和它同时代的体系。[3]

在福柯看来，"18 世纪的最后几年被一种不连续性打断"，[4] 抽象的 124 基本原则取代了秩序，发挥了相应的功能，成为了秩序的后继者。在动植物研究中，这个思想的转变表现为博物学的分裂以及动态生物学的诞生。福柯的分析在思想上很有启发性，提出了一种有趣的、全新的思想史分期。他还用一种新颖的、提示性的方式把许多专家聚集在一起。不过遗憾的是，他的特性描述和历史记录几乎没有相似性。

18 世纪的博物学不只是哲学运动的一个方面或者统一世界观的一个体现，它还是包括了不同研究传统的事业，这些传统也有不同的目标、方法和视角。[5] 18 世纪下半叶的博物学有至少四种不同的研究传统。其中，最常用来描述博物学特征的研究传统专注于命名法和系统分类学。林奈和布里松就是这种研究进路的好例子。布丰代表了一种相反的传统，试图构建每个物种的完整博物学。布丰还进一步认为，研究物种必须要考虑它们的时间维度。他相信，只有通过这条广阔的研究进路，人们才能理解当前的种类及其分布，同时也为科学提供基础以识别调控生物的一般规律。

18 世纪的博物学还有另外两个重要传统，本专著虽然没有深入讨论其中任何一个，但也需要在此进行简单的描述。一个是动物解剖学的比较研究，后来变成了独立学科——比较解剖学。[6] 博物学家如路易－让－马里·多邦东认为形态学的比较分析可以揭示动物躯体的设计和运行原 125 理，[7] 尽管他没有研究鸟类，但是他的门生费利克斯·维克－达吉尔发表了大量鸟类解剖学的比较研究。而 18 世纪博物学的另一个传统和比较解剖学一样，后来也变成了独立学科，即生理学。博物学家如拉扎罗·斯帕兰扎尼（Lazzaro Spallanzani, 1729—1799）为了发现生物的统一法则，对所有生物共有的基本生命功能进行了实验和比较的开创性研究。在这个过程中，斯帕兰扎尼偶尔会研究鸟类生理学的各个方面。不过，他这样做是为了获得它的比较价值，而不是为了给鸟类学作贡献。

在本专著中，比较解剖学和生理学都没有得到特别的关注。相反，18世纪博物学的两个传统（分别完善了单个物种的博物学和系统分类学）被详细地研究，而它也分裂出了鸟类学这门专业学科。鸟类的解剖学和生理学是另外两个传统的一部分，这两个传统自身也发展成为独立的学科。当然，鸟类学家也利用这些独立领域的研究，尤其是他们认为对系统分类学很重要的比较解剖学。不过，比较解剖学家以及生理学家研究鸟类的目的和鸟类学家不同。形态学家和生理学家是为了寻找调控形式和功能的一般规律，而鸟类学家试图对特定的动物群体进行分类和描述。

人们把18世纪同一时期的研究传统按时间进行排序，从而表明18世纪晚期生物学取代了博物学。然而，这种排列方式没有历史记录可以作为依据。它忽视或诋毁了18世纪缜密的实验生理学家如斯帕兰扎尼的研究工作，也忽略了19世纪博物学的广阔领域——鸟类学家、昆虫学家、鱼类学家等等的研究工作。福柯也许是正确的，他提出某些人发生了认识论的改变，从而影响了他们的自然观念、方法论以及对科学问题的选择。不过，作为一般的特性描述，博物学转型为生物学的想法根本不能成立。而不那么极端的想法如威廉·科尔曼（William Coleman）随后提出的说明也需要重新评估，他在他的19世纪生物学史中说道："整个19世纪，博物学仍然是繁荣的研究领域……但是动植物生理学的兴起更引人注目，它提供了一门新的、潜在的基础科学所能提供的全部吸引力。"[8] 这个断言一直没有被证实。不过，从本案例研究可以明显看出：19 世纪的博物学是一个相当活跃的研究领域，有大型的机构设置，和商业以及殖民相关联，有广泛的公众吸引力，还有十分重要且有趣的理论问题。

有很多原因导致 19 世纪的博物学不被理解。一些历史学家被 19 世纪的生物学拥护者的论证欺骗。另外的一些历史学家则因为当代的偏见而低估了博物学。某些历史学家试图强调一种特定的事实历史哲学，因而导致大部分的事实被忽略。几乎没有人理解博物学发展的全部历史重要性，因为目前几乎没有针对它的严肃研究。博物学史的研究者往往强调 18 世纪末和 19 世纪初博物学转型的第二种特性描述：所谓的从静态自然目录转变为自然史。本案例研究也有助于说明第二种理解同样是错误的。布丰、考普和若弗鲁瓦·圣－伊莱尔都接受这种想法：鸟类物种已经发生了变化，对当前种类关系的全面理解必须建立在对过去的理解之上。相比之下，布里松、莱瑟姆和斯温森则认为不需要历史的研究进路，也发展了可以满足需要的体系。于是，人们可以罗列出 18 世纪末和 19 世纪初支持静态观点或动态观点的重要人物。在《物种起源》（*The Origin of Species*）出版之后，许多国家的情况发生了根本性的转变。不过，那是在 1859 年以后，早已超出了现在讨论的时期。在 18 世纪晚期的鸟类学中，人们并没有察觉到普遍的思想转变。当时以及 19 世纪早期完成的研究工作都延续了布里松和布丰开启的研究路径。可以肯定的是，确实存在着冲突的哲学立场，不同的理论偏好，相反的数据描述及其组成说明，以及不同的命名标准。不过总的来说，这门科学学科还是在成长和发展，并在 18 世纪下半叶确定了核心目标。虽然个人研究的范围变窄了，但是方法的严谨性增强了。于是，从鸟类学史可以判断，博物学转型并没有导致博物学解体，也没有让它被一个全新的主题取代，反而促使它不断地拓展、专业化甚至发展为独立的科学学科。事实上，关注特定群体如鸟类的传统问题有助于众多独立学科的诞生，因为大量的材料以及研究材料所需的细致都需要专业化。于是，一些事件导致了作为一门科学学科的鸟类学的诞生，但是它们和认识论的转变毫无关系。前面章节描述的一系列复杂因素使鸟类研究的大规模扩展成为128 可能，而这一扩展促成了鸟类学这门专业学科。远非《博物学的消亡》（*das Ende der Naturgeschichte*）所述，18 世纪末和 19 世纪初还有一次博物学的繁荣。为了理解那段历史，人们需要超越对世界观的简化概括。本案例研究提出了一些问题，如果对它们进行调查研究，可能会有助于我们理解博物学的繁荣。在此仅例举几个：为了确定鸟类学的发展模式有多么普遍，也为了发现在单个特定学科的历史考察中不太明显的相似性，必须研究其他学科如昆虫学和鱼类学的诞生历史，以及这些新学科的相互作用。通俗博物学的广泛流行以及它和学术博物学的关系也几乎没有研究。[9] 博物学和应用科学如经济植物学的关系，可能会揭示政府增加博物学资助的一些原因。一般而言，进一步考察这个时期的学术专业化以及职业化，不仅可以深入了解博物学史，还能把它带出狭隘的研究领域，促使它和综合史联系在一起。

本专著提供了一个核心事件的案例研究，有助于更好地理解 18 世纪末和 19 世纪初的博物学转型，同时还提出了需要进一步详细研究的问题和议题。在科学史中，作为一门科学学科的鸟类学的诞生历史还涉及到其他几个一般议题。其中一个就是 19 世纪科学的职业化，近年来已经对它进行了大量的讨论。[10] 尽管许多历史学家、社会学家和科学家都认同 19 世纪科学的一个显著特征是它新出现的职业化，但是对于这个主题目前还没129 有确切的认识。关于职业化的起因、发展，甚至讨论职业化所需的基本术语的定义都还没有达成共识。尽管如此，也完成了一些非常细致的研究和区分。例如，内森·莱因戈尔德（Nathan Reingold）把 1900 年以前的美国科学团体划分为有教养者、从业者和研究者①。[11] 他的特性描述避免了现代职业（professions）分析所带来的不合时宜的分类，却默认了那些或多或少涉及科学的个人存在区别。莱因戈尔德还警告不要过分简化这个故事。[12] 可是，这个复杂问题的过度简化难以避免。莱因戈尔德曾指出："历史学家和科学家至少有一个共同点——都喜欢通过减少相关变量来解决问题。"[13] 比如，历史学家就曾过于草率地从单个国家的研究得出概括。举个例子，莫里斯·克罗斯兰（Maurice Crosland）先描述了法国的职业科学生涯发展，然后就提出英国的科学职业化落后于法国 50 年。[14] 尽管如此，克罗斯兰仍然坚持法国模式对英国科学十分重要，因为后来英国以它自己的方式吸收并改进了法国模式。可是，这个推断只有通过比较分析才能得到证明。约瑟夫·本－戴维（Joseph Ben-David）的《科学家在社会中的角色》（*The Scientists' Role in Society: A Comparative Study*）被广泛地应用，其中也存在着类似的问题，它搜集了对各个国家所做的研究，也对这些案例进行了排序，但几乎没有真正的比较分析。[15] 该书组织材料的方式给读者造成了一种印象：他在按时间顺序追溯科学职业化的发展过程。可是，即使有一个国家的详细研究，通常也只能描绘出相当昏暗的图景，而这会模糊发展的清晰轮廓。[16] 如果一份研究关注 1850 年以前的时期，上述情况会表现得尤其明显，因为当时在大部分国家把术语"职业的"用于科学就很有问题。例如，在 1841 年的英国人口普查中，首次尝试系统地计算不同职业　130

---

① 在此，有教养者（cultivators）是指热爱知识的人，从业者（practitioners）是指在某种程度上利用科学谋生的人，而研究者（researchers）是指从事科学研究但不以此为生的人，人数相对稀少。

的成员人数，其中只罗列了教会、法律和医药方面的职业。而在另一个题目"其他受过教育的人"中，出现了许多当时或后来认可的职业，包括6位鸟类学家。[17]鉴于这份普查罗列了63000位英国职业人士，由此可知获得普通公众认可的鸟类学家少得可怜，完全不足以形成"职业"。

　　本研究告诉我们：即使鸟类学这个职业不存在，19世纪上半叶[①]英国也完成了大量高品质的鸟类学研究。也许从鸟类学史中可以找到职业和学科的有效区分。本专著强调了几个丰富多样的因素：鸟类学家、他们和同事的联系、他们的资金来源，以及他们研究和出版的地方。然而，尽管它们丰富多样，到1830年也可以理所当然地提到鸟类学这门国际化的学科。因为当时的鸟类研究已经从少数人对少量标本的调查研究变成了一门科学学科，前者只关注一部分的科学兴趣，而后者拥有庞大的经验基础和大量的研究者。在这个过程中鸟类研究变得更加专业化，也更加严谨。同时，这些科学家的写作对象也发生了相应变化。18世纪60、70年代写作是为了普通的博物学读者。到19世纪的前几十年，鸟类学家写作主要是为了帮助其他博物学家，而在1830年以后则是为了其他的专业鸟类学家。当然，与此同时一直都存在着公认的专家，其数量也在不断增长。可是，这些专家并没有形成职业。真实情况是19世纪科学家的整体状况得到了改善，他们才开始被视为职业人士。同时，科学的组织方式和制度结构也变得更好。不过，这些领域的大部分惊人发展都发生在作为一门科学学科的鸟类学的诞生之后。

　　本专著也明显缺少科学职业化讨论中出现的大部分关键词。这不是为了刻意规避术语，因而可以反映实情：如专业教育、能力测试、道德

---

① 原文表达的意思是"19世纪下半叶"，与作者沟通后修改为上半叶。

标准、优先权、合法性等特征和鸟类学的诞生没有直接关系。[18] 尽管对科学职业化十分重要的一些因素，如不断增加的资助可能性，对博物学分裂为独立学科的历史也很重要，但也是有可能研究一门学科的诞生而不涉及它的职业化，至少在鸟类学这个案例中可以。（事实上，还可以指出鸟类学从未完成职业化。[19]）也有一些科学领域如化学的故事可能会截然相反。不过，总有一些情况可以圆满地解决学科的诞生问题又不用涉及职业化，因而它们可能会非常有利于这两种讨论的分离。分离不同的历史趋势失败，部分是因为目前关于 19 世纪科学的文献面临着一些难题。例如，苏珊·费伊·坎农（Susan Faye Cannon）把大量精力用在以下问题上：描述科学职业化的特征并建立职业人士的区分标准。[20] 坎农狠狠地抨击了那些给出职业科学家定义的社会学家和历史学家，他指出他们的定义导致了看起来就很荒谬的结论，比如否认了达尔文和赖尔（Lyell）的职业地位。罗伊·波特（Roy Porter）曾试图转移这个问题的关注点，用术语"专职"（career）博物学家来代替"职业人士"。在波特看来，专职博物学家 ① 是那些把科学当作使命的人，他们"成为了自我维持、自我确证的知识精英，是其学术活动领域的专业知识守护者"。[21]

　　虽然我极力主张历史学家一有可能就分开讨论学科的兴起和科学的职业化，但我并不想暗示科学职业化是科学家虚构的或者用来解读过去的话题。在 19 世纪，许多科学家都很关心他们的职业地位。例如，斯温森就曾对此直言不讳。[22] 不过，专注于一个名称来描述 19 世纪 40 年代的职业行为，或许会掩盖博物学领域更基本的转型。比起布里松和布丰，波拿巴并没有更职业。可是，波拿巴的经历和出版物不同于布里松和布丰的，这

①　专职博物学家花费了大量精力甚至一生都在从事研究，但是他们不以这些研究为生，而职业人士则以此为生。

是因为波拿巴是在一门科学学科中开展研究，而一个世纪以前它还不存在。这门新学科包含了许多成分复杂的因素，尤其是在人们认识到鸟类学家的国际共同体不再是国家层面的团体时。不过，尽管鸟类学家多种多样，这门学科还是有可定义的一致性。它有共同的目标、方法和问题，大量的经验基础，各种交流渠道，以及公认的专家。于是，本专著的一个重要意义就是强调学科和职业区分的价值。在当今的科学中很难再分开这两者，[23] 新学科的诞生往往伴随着新职业的诞生。可是，历史分析尤其是处理 19 世纪晚期以前的历史分析，应该认真考虑它们的区别。

133　　　科学史中有一个议题和科学的职业化有关，而本专著也有所涉及，那就是科学的专业化。埃弗里特·门德尔松曾写道：

> 专业化……似乎让整个人全职地工作。这需要新的职位、资助、促进科学及其从业者发展的组织机构，以及 19 世纪科学的标志——职业标准。专业化对科学的组织机构和制度结构影响巨大，难以估量……。不过，尽管专业化十分重要，但也只是变化的众多原因之一，而我们已经把它们统称为职业化。[24]

专业化是科学职业化的重要原因。不过，就像门德尔松指出的那样，我们需要小心地避免以下推断，即专业化本身导致了职业化。此外，对于专业化的影响，我们也不应该只在它和职业化的关系中考虑。我们刚刚强调了必须区分职业的历史和学科的历史，我们早些时候还指出了专业化和鸟类学的诞生之间的联系。鸟类学这门新学科的特征是它关注一个狭窄的领域：鸟类。最初，很多作者都觉得有必要证明，他们在有限领域的努力是合理的。在一部最早的鸟类专著中，勒瓦扬对专业研究的价值说明如下：

> 博物学家希望立即获得广阔的有机世界的全部内容，并给出其所有
> 产物的描述（history），然而不管他多么热情努力，也不可能获得探
> 讨动物知识所需的全部细节。他只能用一种肤浅的方式，有时还会
> 在截然不同的描述中提到动物知识。相反，谦逊的学者会把自己局
> 限在几个属的描述中，只有他们才有希望完全获知一些属的种。因
> 此，一个人如果想站在极端陡峭的山顶描述周围的地区，他必然会
> 遭到深深的鄙视；反之，他如果深入峡谷去考察它的一部分，就会
> 发现那些因为距离而必然远离前者视线的新东西。
>
> 　　　这种想法应该足以证明专业论文为科学进步提供了多少帮助。[25]

134

到 1819 年就不再需要这种说明。威廉·麦克里在那一年指出：信息
的增长"使博物学家不可能详细地研究多个知识领域，即使是他最喜
欢的科学"。[26] 虽然一些博物学家如波拿巴或亚雷尔仍然在多个博物
学领域完成了严肃的研究，但是多数人采纳了伦纳德·杰宁斯牧师的
建议：

> 在此我们考虑那些人的方向，他们可能正开始研究科学的各个分
> 支。我们已经不止一次提到动物学为我们带来的广阔领域。我们也
> 已经注意到博物学家的强烈偏好，他们认为这个领域的某些部分优
> 先于其他。对于那些真正渴望推进动物学发展的人，现在我们想建
> 议的是把主要精力集中到一些给定的知识领域，如果可行的话集中
> 到那些研究最少的个别群中。熟知自然中现存的全部物种绝对超出

了我们的能力。最长的寿命加上最有利的机会也只能获得极其有限的关于物种描述的细节知识。于是，我们只有通过劳动分工才能试着完善这门科学，直到人类的研究完善它为止。[27]

博物学的专业化促进了详细而严谨的研究。博物学家关注有限的领域，可以解决非常具体的问题，纠正错误，并提出以前被掩盖的新问题。正如我们已经看到的，这种研究的结果就是新学科的诞生。而专业的学会和期刊紧随其后。于是，专业化过程有助于定义并发展博物学的独立分支和知识领域，而博物学领域异常丰富的 19 世纪出版物是其重要性的标志。

135　　　不过，专业化也有阴暗的一面。最明显的缺点就是把专家和爱好者分隔得更远。这并不是说，鸟类学开始拥有大量深奥的知识，就像现在的种群遗传学和神经生理学那样排除了专家之外的所有人。比起林奈，莱瑟姆并没有更难以阅读或理解。可是，鸟类学的关注点越来越狭窄，专业人士的数量越来越多，这导致专家写作是为了其他专家而不再是为了普通爱好者。当然也会有例外，但是专业化过程已经不利于博物学家以前的做法，即为受过教育的普通读者写作。毕竟，鸟类学的公认问题是技术性的：命名法的改革、各种属的修订、自然分类体系的详细阐述等等。虽然有一些作者延续了布丰建立的描述性传统，但是他们是少数派，而且几乎没有人拥有布丰那样的文学才能，可以吸引公众的想象力。

　　　这并不是说公众被忽视了！事实上，博物学在 19 世纪变得非常流行，出现了一大批通俗读本、画册和手册。其中一些作品的质量很高，它们都出自杰出的博物学家之手。例如，著名的印刷工人和雕刻师威廉·霍姆·利扎斯（William Home Lizars，1788—1859）和他的妹夫威廉·贾丁合作，完成了一个非常宏大的项目：《博物学家的图书馆》(*The Naturalist's Library*)。这部绘有插图的多卷本只花费 6 先令，是"廉价文献运动"(cheap literature movement)的模范产品，因而十年来利扎斯获得了巨大的成功。这部作品中有 15 卷是关于鸟类的，他勤奋的妹夫为其中的 10 卷提供了文本，[28] 另外 5 卷也由能干的鸟类学家威廉·斯温森和塞尔比完成。狄奥尼修斯·拉德纳早期的《珍藏馆百科全书》是另一个很好的例子。拉德纳充分利用了斯温森的惊人才能（和对钱的需求）来完成这部 11 卷的博物学作品。不过，充斥维多利亚市场的大部分通俗博物学作品都采用了比较感性或装饰性的方式来进行构思，这和为了室内装饰而使用玻璃橱柜放置美丽的鸟类标本是一致的，在当时这种室内装饰也非常受欢迎。从这个更通俗的博物学角度来看，严肃的博物学家所从事的很多研究就显得十分深奥或过于狭窄。当时的讽刺文学也反映了这种看法。诙谐的《哲理性趣味博物学》① 是一部关于其他主题的著名作品，它讽刺了博物学家对鉴定新物种的狂热，曾讲述了以下事件：

136

> 哥伦布（Columbus）发现了美洲；瓦斯科·达·伽马（Vasco da Gama）发现了前往印度群岛的路线；古腾堡（Gutenberg）发明了印刷机；施瓦茨（Schwarz）发明了火药；罗伯特·马卡伊雷（Robert Macaire）创建了慈善机构；道德和不理智科学院（Academy of Moral and

---

① 原文为"*Histoire naturelle drolatique et philosophique des Professeurs du Jardin des plantes, des aidenaturalistes, préparateurs, etc., attachés à cet établissement, accompagnée d'épisodes scientifiques et pittoresques*"，即《哲理性趣味博物学，由植物园艺学教授、各种博物学家、助教等编撰，编者为该机构的成员，该书还配有大量科学美观的插叙内容》。为方便正文阅读，故采用简称《哲理性趣味博物学》。

Impolitic Sciences）<sup>①</sup>构建了美德。不过，比起米尔恩-爱德华兹（M. Milne-Edwards）的年轻朋友布朗夏尔（M. Blanchard），这些可怜的发现者和发明家现在都不值得一提。

在海螂的套膜下，这位年轻人发现的不是一种新动物（这是一件普遍的事情），而是一个奇异的生命，它注定要在动物的集合中形成一个介于火鸡和蟋蟀的新世界。因为害怕惊吓到读者，布朗夏尔不敢绘制它的图像。他甚至不敢看它，即使它让他的发现更加独创。[29]

这个故事的主人公布朗夏尔最后很失望，因为介朗指出这种新发现的动物只是一种环节动物，它早已被描述和绘制。尽管布朗夏尔是一位讽刺人物，但是这个讽刺故事反映了19世纪许多严肃博物学的狭隘以及普通公众对它的疏远。

除了限制关注范围——博物学家认为这有利于严肃的研究，专业化还限制了博物学领域适合讨论的话题。在18世纪，道德、审美、宗教以及社会的说明在博物学领域扮演了至关重要的角色。例如，布丰在他的鸟类学中赞美了鸽子的社会美德，并建议把它们作为人类效仿的榜样。[30]再举一个例子，乔治·爱德华兹在其作品《鸟类博物志》（*A Natural History of Birds*）中讨论了认识论，并把第四卷献给了"上帝，唯一的永恒！不可知者！全能者！所有存在物的全知全能创造者！从无法估量的巨大天体到最微小的物质所在，这个原子<sup>②</sup>是他最顺从、低下和卑微的受造物乔治·爱德华兹全身心的奉献。"[31]在19世纪上半叶的鸟类学中，

① 原机构名为"Academy of Moral and Political Sciences"，即道德与政治科学院，此处是18、19世纪故意拼写错误的幽默方式，以双关语把不理智和政治联系起来。

② 此处原子（ATOM）指乔治·爱德华兹的作品《鸟类博物志》，该词表明了作者的谦卑，认为自己的作品相对于造物主的作品非常渺小。

虔诚的献词、审美的评论以及说教的圣经选段并没有完全消失。自然神学激发了相当多的成就，尤其是在英国和德国，而审美方面的考虑对大型鸟类艺术书籍的出版尤其重要。不过，鸟类学尤其是1830年以后的鸟类学越来越接近它明确定义的技术性问题，那些"题外话"（digression）要么变得格格不入，要么成为通俗读本的标志而不再是严肃交流的媒介。于是，鸟类学和其他博物学专业的内在发展远离了博物学早期的主要动力来源。因此，历史学家如坎农曾过分强调达尔文的重要性，认为他推动了19世纪下半叶科学和宗教联盟的解体。[32] 如果不考虑更多的因素，确实是达尔文那一代限制了博物学的范围，从而打破了之前的紧密联系。

博物学的写作风格也采用了相应的方式。当然，如果认为博物学从文学尝试转向了技术性领域，那就过于简化了。鸟类学的文体（literary style）历史十分复杂，往往反映了它承载的问题而不是作者的才能和喜好。18世纪的系统分类学论文和19世纪的一样枯燥，而描述性鸟类学甚至到了20世纪还有实例呈现出文学创造力。不过1830年以后，鸟类学的文学方面附属于作品的技术性关注点。鸟类学家为其他鸟类学家写作，旨在交流经验上的发现或讨论它们的重大意义。鸟类学家不再试图描绘自然的画卷，也不再像布丰那样发表重要理念（les grandes vues），他们追求更严谨的表达方式。他们的科学论文和专著是为了图书馆或学习研究，而不再是为了闺房和沙龙。

鸟类学家和业余读者的距离变得更远，他们的话题受到限制，研究作品的文学价值也在减少，这些担忧往往被鸟类学家忽视，因为他们认为这只是对现代性崛起的多愁善感。事实上，在成为一门新学科的从业人员的过程中，鸟类学家不仅仅失去了能言善道的能力。回顾19世纪上半叶的鸟类学文献，出现在读者脑海中的是大量经验性质的作品。鉴于博物学家面临着迫切的理论问题，缺少关于一般理论问题的出版物就更让人感到意外了。鸟类学的目标似乎是完成庞大的理论研究工作。毕竟，对自然中的秩序没有一致的观点就不可能构建自然分类体系，这就好像没有一些高水平的概括就只能毫无意义地说明地理分布。那么如何解释这种情况？为什么理论作品和经验作品的天平如此不平衡？人们可能会指出标本的增加支持了经验作品，因为非常简单的原因——有很多东西可以描述，结果就是在期刊和书籍中用于描述和分类的空间

139 大小失调，不过这只是反映了可用经验基础的实际情况。事实上，正是对鸟类目录和标准命名法的需求十分迫切，才导致博物学家致力于鸟类学的经验基础。同时，大量储存的新发现物种也使经验研究变得及时又富有成果。此外，人们可能会发现那个时期强大的经验主义科学哲学十分流行。对于维多利亚早中期的科学哲学，许多历史文献都强调它的经验主义传统。例如，苏珊·费伊·坎农赞同科学家如约翰·赫舍尔（John Herschel，1792—1871）和亚历山大·冯·洪堡（Alexander von Humboldt，1769—1859) 的重要性，认为他们影响了英国的科学实践，也是该实践的典型。[33]赫舍尔和洪堡都认为，自然科学必须建立在严谨的事实考察上，并从中推出一般规律。[34]当然，承认科学哲学有强大的经验主义传统并不能解决这个问题——为什么那段时间经验主义十分流行，同时还必须牢记经验主义传统并不是博物学的全部，尽管它在英国比在其他国家更强大。考虑到自然哲学的发展，德国的情况从哲学上更有利于普遍的理论化，但是即使在德国，鸟类学的经验文献也远多于理论文献。对于鸟类学的经验主义倾向，博物学的专业化应当被视为重要的贡献因子，它也发生在我们讨论过的所有国家中。19世纪，鸟类学不断收缩的方法论也限制了科学问题的合法范围。研究鹦鹉或蜂鸟的专业人士

不再认为，他被召集或训练是为了评论更大的博物学理论问题，因为由定义可知这些理论问题已经超出了他特定的或一般的专业知识[①]。把鸟类学和昆虫或生理学区分开的是它关注鸟类。不过，鸟类学家提出的理论问题远远超出了鸟类研究的范围，也往往超出了动物学的界线。因此，这些问题都不在专业人士的研究范围内。

在许多人看来，博物学的专业化尽管有利于加强它所带来的严谨性，但也呈现出糟糕的科学分裂，从而抑制了科学的进步和一般生物规律的发现。在《自然科学年鉴》（*Annales des sciences naturelles*）引言（1824）的抱怨中也体现了这种看法："鸟类学家、鱼类学家、昆虫学家、贝壳学家都专注于自己所从事的研究领域，常常忽略其他人认为必须采用的原则。"[35] 事实上，到 1836 年内维尔·伍德（Neville Wood）已经开始担忧鸟类学自身的分裂。他写道："长久以来我们发现，鸟类学最迫切的需求是致力于该科学整体的研究工作，它还包含了迄今为止观察到的每一个细节。"[36] 内维尔·伍德是正确的。从博物学分离之后，鸟类学自身也在不断地专业化，并形成了多个亚学科，以至于完整鸟类学的前景也显得十分遥远。

那么，谁有资格来评论更大的博物学议题呢？如果博物学家继续限制他们的专业知识范围，谁能判断新发现的所谓一般规律有效呢？虽然某些英国哲学家期待归纳过程可以产生显而易见的真理，但是科学家的想法不同，某些博物学家也不这么认为，他们采用数理和实验的思路来开展研究，而这种物理科学的清晰思路被大部分科学哲学效仿。证明博

[①] 对研究鹦鹉的专业人士而言，更大的博物学理论问题如达尔文的进化论超出了他对鹦鹉的特定知识（如鹦鹉的分布、变种），也超出了他的一般知识（如鹦鹉的分类）。因此对于像进化论这种关注所有动物的理论，他们都不会给予真正的建议。

物学的归纳合理并不是一个假想的议题。对于博物学提出的最重要的理论——物种起源，它有十分重要的意义。

波拿巴去世两年后，达尔文才发表了进化论。通过自然选择的方式来系统阐述进化论是现代生物科学史的基本事件之一。因此，毫不意外生物学史学家会把大量精力用于理解进化论的发展史，它被接受的过程，以及后续的详细阐述、重构和拓展。虽然查尔斯·达尔文完成了大量专业研究，但是他同时代的人并不认为他是专业人士。尽管如此，他和那个时期专业化的关系也相当有趣和重要，尤其是他和鸟类学的联系。达尔文从鸟类学这门新学科中受益良多。在技术性层面，经验信息及其说明影响了达尔文的思路，从而使他系统地阐述了进化论。桑德拉·赫伯特（Sandra Herbert）曾指出，到 1837 年"达尔文对其收藏的专业考察结果决定了"[37] 他的物种演变思想。在加拉帕戈斯群岛（Galápagos Islands），达尔文进行了一些引人注目的观察，他还指出在一个孤立的、地质时代接近的地区，个别类型的动物会存在为数众多的种类。它们可能只是不同物种的变种，但是达尔文担心这些不同的种类可能是单独的物种。达尔文认为，如果这些不同的种类确实是真正的物种，那么对物种恒定的信仰就会崩塌。在这一方面，他最重要的研究标本有达尔文雀和加拉帕戈斯嘲鸫。为达尔文检查这些标本的"职业人士"是约翰·古尔德，当时他是伦敦动物学会公认的鸟类学家。古尔德认为，达尔文采集到的标本确实是不同的物种。此外，戴维·科恩（David Kohn）最近也表示：古尔德对达尔文在南美洲采集到的两种美洲鸵也给出了类似结论，这个结论是一系列复杂事件的一部分，它们一起促使达尔文在 1837 年相信了物种演变这个事实。[38] 因此，在达尔文的思考过程中，专业人士的判断是相当重要的因素。

不过，鸟类学这门新学科以更深入的方式影响了达尔文的思想发展，因为到 18 世纪 30 年代末鸟类学和其他博物学知识领域一起提出了几个议题，它们都和物种起源密切相关。正如我们在本专著中看到的，可用经验基础的特征、采集和存储的方式以及研究机构的设置都有助于加强对某些问题的兴趣：系统分类学、分布和命名法。尽管达尔文在开始"小猎犬号"航海活动时还不是一位经验丰富的博物学家，但是在探险期间他把注意力集中到了一些问题上，它们都是他同时代的人也认为极其重要的生物学问题。变种和物种的区别是什么？什么原因导致了现在的分布格局？现存种类和灭绝种类有什么关系？等等。当然，鸟类学不是讨论这些问题的唯一领域，达尔文对鸟类种类的关注也不是促使他构建进化论的唯一关键因素。相反，我们在鸟类学史的研究中发现了博物学的专业化过程，这引起了我们对某些关键问题的关注。

达尔文和他那一代的博物学家都希望构建自然的图画以反映存在的规律，同时他们还想理解那些规律。他们研究问题的严谨性也是博物学新实践的一部分。达尔文受益于他同时代人的专业知识，许多问题他都可以向朋友和熟人咨询，并获得详细可靠的答复。他还受益于从事专业研究的经历。达尔文苦心钻研藤壶八年，这通常被认为是其思想发展的重要一步。达尔文还有幸获得了前往异域国度采集的机会，这使他接触到野外研究的方法，博物学三个分支的大量事实，以及地理分布这一现象。他对藤壶的研究既使他关注具体的分类问题，又使他关注系统分类学的方法和问题。托马斯·亨利·赫胥黎（Thomas Henry Huxley，1825—1895）曾写信给查尔斯·达尔文的儿子弗朗西斯·达尔文（Francis Darwin）：

143

你睿智的父亲曾耐心地、不辞辛劳地致力于蔓足类动物研究多年，在我看来这是他做过的最聪明的事。

他和我们这些人一样，也没有接受过真正的生物科学训练，但是他认识到自我训练和胆量的必要性，也没有逃避获得它们所需的辛劳，这些都是其科学洞察力的突出实例，一直令我印象深刻。

有一个巨大的威胁困扰着所有具备良好推测能力的人，他们总是不自觉地讨论自然科学中公认的事实陈述，就好像它们不仅正确还很详尽，可以比照欧几里得命题的处理方式来进行演绎。可是，在现实中无论这种陈述多么真实，都只是相对于观察的方法和阐述者的角度。目前，可能需要依赖于这种陈述。不过，它是否支持每一个从它逻辑推出的猜测结论，则完全是另一个问题。

你的父亲正以地质科学和生物科学的公认事实为基础建立一个庞大的超结构（superstructure）。在"小猎犬号"的航海活动期间，他获得了大量自然地理学、地质学、地理分布和古生物学的实践训练。他还获得了这些科学分支的原始材料，并以同样的方式获得了知识，因此他最有资格来判断这些材料能够支持的推测限度。在他返回英格兰之后，他只需要熟悉相应的解剖学和发育学（Development），以及它们和分类学的关系——他通过蔓足类动物的研究获知。

因此在我的理解中，蔓足类动物专著的价值不只在于这个事实：它是一部令人钦佩不已的作品，极大地丰富了实证知识；还更多地在于下述情况：它是一部严格自律的作品，这份自律还出现在你父亲后来撰写的所有作品中，使他免于无止尽的细节错误。[39]

144　当时，达尔文已经接受了动物学专业人士的艰苦训练，也拥有了一系列令人印象深刻的地质学和地理分布知识。在他创建理论以说明物种起源的数十年间，达尔文利用了博物学的材料和方法来开展研究，而当时的博物学已经高度专业化也很严谨。他研究的问题在他同时代的人看来也很重要，他开展研究工作的严谨性也获得了他们的认可。由于 18 世纪末和 19 世纪初的博物学发展，达尔文可以利用的经验数据也非常多。

然而，博物学的专业化虽然对达尔文的研究贡献巨大，但也阻碍了他。达尔文构造的理论并不局限于单个学科。事实上，进化论跨越了博物学的全部三个分支：动物学、植物学和地质学。当时，达尔文的许多同行都在撰写关于属的专著，而他却在阐述一个综合体系，这个体系的力量源于它的能力——说明并整合博物学的各种事实。达尔文的理论并不是归纳的，在 19 世纪中期的英国这个术语曾被那样理解，而他后来也因为这一点在英国受到了批判。事实上，达尔文采用的科学哲学十分复杂，并不适合 19 世纪哲学家的简单模型。然而，比这个事实严重得多的问题是，进化论没有合适的讨论场所，也没有能够评论它的权威机构。这并不是说人们不评论！事实上除了法国，只要有科学团体存在的国家，就有随之而来的激烈争论。[40] 可是，博物学缺乏集中讨论所需的概念上的统一。到 19 世纪中期，不再有单独的博物学，存在的都是不同的学科和亚学科，它们每一个都有自己的有限关注点和专业方法。即使一些博物学家可能在多个学科中开展研究，但是他们在发表成果时也通常会限定在某个特定的学科中。这些例外主要是关于区域生物群的研究，它们跨越了多个学科。然而，即使认为这些研究形成了特定的博物学类型，那也是在非常有限的概念上。到这个时期，比较解剖学以及生理学已经和博物学截然不同，它们拥有自己的抱负，即发现调控生物的规律。和当时完成的大多数研究不同，达尔文详细阐述了一个综合理论，它潜在地包含了整个博物学，也启发了其他的生命科学。那么，谁有足够的权威来评论这个学术构想？专业化虽然有助于这个理论成为可能，但也正好抑制了任何有意义的相关讨论。毫不意外，进化论的争论历史揭示了它漫长而复杂的发展过程。即使我们忽略哲学、社会和宗教意义上不太相关的问题，进化论也带来了相当多的争论、混乱和难题。而生物学史学家才刚开始说明这些事件的无序状态。最初的情况由许多因素混合而成：缺少能够满足需求的遗传学，和其他学科的公认观点矛盾，信息不完整，等等。当这个故事最终被构建时，这一段科学史必将是最有趣的和最具启发性的。而这段历史的一部分必将用来评价专业化对人们接受达尔文理论的影响。

本专著讨论的时期恰好在达尔文的进化论开始争论之前结束，因而没有从中得出任何结论。尽管如此，本研究也提出了一些可能会富有成果的问题。它明确强调必须评估博物学的专业化使这场争论变得多么复杂，它还指出历史学家应当研究不同领域的博物学家如何回应进化论。

在《鸟类词典》（*A Dictionary of Birds*）① 优秀的历史概论中，艾尔弗雷德·牛顿写道："动物学的分支中可能没有一个比得上鸟类学，有这么多最富学识因而也最顶尖的研究者最先接受了进化论原则，当然这对鸟类学研究的影响也十分显著。"[41] 如果确实如此，那是为什么呢？比起其他学科如昆虫学，鸟类学的问题和假设与进化论提供的答案更密切相关吗？或者，和鸟类学相反，为什么法国的生理学完全不受影响？[42] 达尔文的进化论应当视为博物学的理论而不是生物学的吗？有极少数的研究比较了人们对达尔文思想的接受情况，它们要么对比了不同国家的科学

① 该书与前文的《鸟类学词典》（*Dictionary of Ornithology*）为同一本书。

团体的反应，要么对比了各种流行的争论。关注不同学科的接受情况也有同等的价值。它可能有助于揭示学科之间或学科内部各国学派之间的根本区别。[43] 它还有可能使我们更清晰地理解不同生命科学的标准和假设，从而帮助我们理解一些综合议题的争论，如进化论的争论往往就十分混乱又令人迷惑。

于是，本案例研究阐述了博物学的分裂，这为生物学史的许多领域提供了有趣的暗示。它涉及职业化的议题，博物学家和外行读者的关系，博物学的新限制，以及达尔文的故事。本专著还和另一些议题相关，它们超出了科学史的界线，却对理解科学史至关重要。鸟类学发展的一个关键因素就是可用经验材料的急剧增长。我们已经发现有几个来源导致了材料的增长。除了欧洲的本土动物，其他的来源都和欧洲对外国领土的殖民扩张直接或间接相关。商人、探险家、殖民地博物学家等等的努力都推动了鸟类学收藏的加速增长。为了理解推动博物学转型的各种因素，人们需要研究这些因素的与境，其中最重要的是 19 世纪发生的殖民扩张巨浪——"第二帝国时代"（second age of Empires），于是在这种意义上殖民和博物学转型是两个紧密相联的事件。相应的，殖民的一部分故事也是它对科学的影响。可是，比起欧洲海外扩张的社会、政治、经济、宗教和技术方面的根源或影响，以及它和 1870 年开启的帝国主义时代的关系，这方面的内容往往被忽视了。[44] 进一步研究殖民和博物学的关系，可以揭示科学与社会之间复杂的相互作用的一个有趣方面。不过，举个例子，人们不能把殖民活动的强度和鸟类收藏的增长简单地关联起来。19 世纪上半叶英国的扩张远远超过法国，但巴黎仍然是鸟类学的中心，法国国家自然博物馆的鸟类收藏远多于大英博物馆。同样，柏林博物馆也相当重要，尽管在 19 世纪晚期之前普鲁士根本不是活

147

跃的殖民力量。

为了理解殖民过程和博物学的关系，需要知道更多的殖民历史，也需要探讨更细致的问题。政府为什么支持博物学标本采集？显然有某些早已认可的经济动机。早期西班牙的新大陆探索带回来了玉米，它"改变了这个世界，就像他们带回来的所有黄金一样"。[45] 从新大陆移植的食物中，更广为人知的有土豆、花生和木薯 ①。至于那些有商业价值的异域物品，英国不断发展的工业化也增强了对它们的兴趣。例如，汉弗莱·戴维（Humphry Davy，1778—1829）曾拯救过制革工业，他听从了约瑟夫·班克斯的建议，在一种含羞草的提取物中发现了廉价的丹宁新来源，而这种含羞草生长于孟加拉和孟买，东印度公司可以供应足够的数量。[46] 不过，对于探索带回来的材料，纯粹的经济理由不足以说明它们的清单目录，因为我们发现其中罗列的大量标本在当时并没有可预见的经济价值，成千上万的外来鸟皮就是有力的例证。从技术和社会的角度仔细研究博物学的采集历史，对理解殖民和博物学的关系有相当大的价值。当然，各国政府支持采集者的方式和程度各不相同。对英国、法国、荷兰和德国的政策进行比较研究，可以表明各国资助和支持博物学的风格也不同。英国没有很好地组织起来。私营企业家如利德比特和休·卡明（Hugh Cuming，1791—1865）设法收集了大量收藏，[47] 而政府只在有可能的地方才给予本地支持，并让海军军官兼任探险博物学家，也偶尔直接补贴个人。鼓励、组织和利用收藏的主要承担者要么是私人，要么是公司或学会如动物学会、东印度公司或林奈学会。相比之下，法国政府除了鼓励海军军官承担额外的责任，在重要的探险活动中

———————————

① 作者在此使用了两个英文单词"manioc and cassava"，实际上无论在英文还是中文中两者都指木薯。

148

进行知识性采集，还为法国国家自然博物馆提供年度预算，用于野外采 149
集者的培训和装备。该博物馆的教授还往法国殖民地以及法国统治之外
的地区派遣了旅行－博物学家，试图进行全球范围的采集。巴黎还是韦
罗商行的所在地，它是当时最大的博物类私人供应商店。荷兰除了不断
地鼓励商人和私人进行采集，还组建了资金充足的"科学委员会"以探
索丰富的荷兰殖民地资源，同时他们还试图尽可能地避免其他欧洲殖民
力量接触到这些资源。德国的邦国尤其是普鲁士，虽然没有帝国殖民，
却资助了重要的个人前往那些对外国采集者开放的地区进行探险。

　　如果认为收集到的大量材料和政府的大力支持为博物学带来了优
势，那就错了。几个有可能最具价值的收藏已经在盒子里存放了几十
年，而大型研究机构也不总是产生最先进的研究工作。那么，博物学家
如何受益于殖民？不是殖民自发地引起了博物学标本的涌入，而是博物
学家利用了那些因为殖民才变得可用的机会。曾经遥不可及的世界各地
开始对探索开放。因为第三、四章讨论过的众多原因，新的支持来源也
变得可用。政府组织探险活动来进行调查、探索或搭建贸易通道，这种
探险活动很容易也很方便进行博物学标本的采集，而它们也确实选择了
这么做。带回来的标本数量充足，以至于改变了博物学的研究实践。而
标本的内在科学价值影响了博物学领域所提出的问题的方向，并提出了 150
重要的理论问题。因此，殖民是一个十分重要而且复杂的影响因素，促
进了博物学的重构。然而，为了更深入地理解这个复杂的影响因素，需
要进行更仔细的调查研究。正如刚才提到的，简单的关联是不够的。只
有仔细地研究并对比 19 世纪的采集历史，才能说明博物学家是如何受益
于殖民开启的新机会。

　　如果殖民有利于拓展博物学的可用经验基础，那么 19 世纪博物馆的

发展就为这些标本的检查和讨论提供了环境。公共和私人博物馆都存放了采集者带回欧洲的记录、图画、皮毛和骨骼。它们组成了新的国际化网络，其中标本可以进行交换，大量的馆藏可以用于研究，还有汇编的目录可以作为收藏指南和科学进步的里程碑。19 世纪上半叶没有一个博物馆拥有完备的收藏，为了完成大型项目，博物学家往往需要考察多个博物馆。到了古尔德和波拿巴的那个时期，再也不可能按照莱瑟姆的风格开展研究，他曾经试图构建完整的目录却连英吉利海峡都没有跨过。

这些取代了博物珍藏馆而开始研究鸟类学的大型博物馆来自何处？第四章已经描述了一些使博物馆变得可能的条件。尽管没有通用的模式，一份比较研究也许可以显示，许多博物馆的起源都可以归结到一些共同的文化条件。例如，19 世纪上半叶欧洲的各个国家都在改变并改革他们的教育机构。[48] 大多数情况下，这些早期的改革并没有任何改善博物学研究的意图，但博物学家却受益于那些因此而变得可用的新机会。19 世纪早期的改革运动以类似的方式帮忙创造了一种氛围，这有助于公共教学机构夯实基础并获得支持。博物馆的支持者往往强调博物学的教学内容，因而即使在困难时期它们也获得了支持：巴黎的法国国家自然博物馆是极少数未遭革命损害的研究机构之一，[49] 英格兰在"饥荒年代"（hungry forties）还通过了博物馆法案（Museums Act），柏林博物馆也成立于拿破仑占领后不久。大力支持公共教育是这些案例和其他例子的共同因素。虽然直到 19 世纪晚期大型国家博物馆的收藏才得到充分的发展，但是它们早期的活动对博物学的发展至关重要，也为后来自然博物馆的发展奠定了基础。

本专著论证了博物馆的收藏对鸟类学的兴起十分重要，不过它也只是从表面上讨论了博物馆的兴起。自然博物馆的社会史可以改善我们对博物学转型的理解，也有助于我们更好地认识博物学转型是如何成为整体文化演变的一部分。目前，这是一个几乎未曾探讨过的研究领域。然而，它却是 19 世纪科学与境下这个故事的重要篇章。

　　还有一个相关问题同样需要深入的探讨，那就是博物学的流行程度普遍增强。不断增加的积极研究者、不断扩大的读者规模、丰富多彩的出版物以及各个层次的博物学论文，都证明了 19 世纪博物学的繁荣。[50]还有为数众多的技术因素，它们也为博物学的流行作出了贡献。例如，印刷行业的改革降低了博物学作品的生产成本，于是出现了一大批廉价的手册、期刊（严肃的和通俗的）和百科全书。石版印刷术的发展使博物学插图变得不那么昂贵而且更加准确。交通的改善使国内短途考察变得更加容易，稍后铁路的发展还降低了出行成本。不过，虽然技术因素可能很重要，但是仅仅讨论它们还不足以充分说明 19 世纪对博物学的追捧浪潮。为了给出其他的重要原因，必须研究博物学的社会史。戴维·艾伦率先研究了这个被过度忽视的主题，并在他的《不列颠博物学家》中描述了一些维多利亚背景下的重要线索。例如，他指出了普遍存在的福音主义（Evangelicalism）的作用：

　　　　持续高涨的工业化浪潮发现，伴随它的还有新的道德准则和能量的聚集，前者完全适合它的推进，后者大大加速它的发展。这些道德和实用的因素逐渐交织在一起：像地质学那样的研究在这两方面都表现得极为出色，既是敬畏地球上伟大创造物的一种方式——现在每本书的序言里都在不断地赞美佩利重新阐述的自然神学，也是促进物质上繁荣的一种方式。另一方面，那些看起来没有什么重要作用却又让人不由自主入迷的追求——无论是登山还是采集花束，都

152

需要设法避开缺乏灵魂的功利主义的责难。实现这个目标的最简单的方式，通常也是无法辩驳的方式，就是发现一些道德的内容并宣称它能陶冶情操——这就像是一种事后想法……。

大多数情况下，由此产生的结果都只是情感的重新标记。新的中产阶级声称他们应该拥有前人的享乐之物，也充满敬意地接收了它们，但是他们几乎没有改变这些东西的外观，即使他们在使用时不可避免地采用了某种新方式。这就像他们接受了哥特式的审美，便把它从古老的、摇摇欲坠的废墟变成了现代建筑；同样他们也保留了卢梭主义的自然观，并把它变成了衷心的虔诚。[51]

**不过，很多对博物学的追捧往往都是庸俗的。艾伦曾写道：**

153　　长久以来，高雅地运用情感被普遍认为是有教养的绅士的标志，它往往超出了某些思想的范畴，这些思想要么因为工业化的流程而变得枯燥，要么因为文字基要主义（literal fundamentalism）的不良影响而变得迟钝。于是，高雅的情感渐渐被假的情感取代：变成了多愁善感，这种方式只是为了迎合某些人，他们不能也不会投入到那种更全面的高雅方式，于是这个低劣的替代品恰恰因为它的浅薄而发展得更快更远。

19 世纪 20 年代，这种假的情感在法国首次亮相……虽然我们可能会抱怨它的影响，但是我们必须感谢这个自称浪漫主义（Romanticism）的最后崛起，因为在它出现的那段时间里新的中产阶级成功占据了主导地位，而这有助于他们把目光牢牢地锁定在自然上。[52]

艾伦是正确的，应当强调 19 世纪博物学爱好的重要性，它有利于当时盛行的通俗博物学文学的创作，它还促使许多人更严肃地追求他们的兴趣，从而为博物学作出贡献。当然，从当时的情况来看有一定的讽刺意味。因为博物学家受到自然神学的启发，凭借其收藏热情和写作热情完成了包含大量事实数据的作品和更加全面的名录，从而导致了专业学科的诞生，可是在这些学科中讨论终极原因却被认为不合适。

在很大程度上，19 世纪博物学队伍的壮大应该归功于技术因素以及一些国家广泛传播的宗教信仰。不过，经济动机也使博物学这个主题得到了很多人的关注。政府和私营企业家都看到了博物学的经济价值：用于私人展览和娱乐的标本，通俗博物学文学，画册，博物馆的收藏买卖，用于时尚产业的羽毛和皮毛，以及那些未知的自然物品或产品在农业、园艺或医药中的前景。1835 年，查尔斯·巴比奇曾写道博物学的潜在经济价值：

比起那些已经明确存在的大众植物——迄今为止它们已经进行了人 154
工种植也显现出对人类十分有用，当我们开始考虑那些非常小众的
植物，并对动物界甚至矿物界进行同样的观察时，自然科学为我们
开启的领域看起来几乎是无限的。这些自然的产物各不相同还数不
胜数，它们每一个都有可能在未来的某一天成为大规模生产的基
础，支持数百万人的生活，为他们提供工作和财富。[53]

还有其他的动机引起了对博物学的兴趣，不过它们更难以描述。阿诺德·撒克里（Arnold Thackray）主张：为了理解 19 世纪英国科学及其研究机构的巨大发展，历史学家需要在文化与境中考察科学的社会作用。[54]

在著名的曼彻斯特（Manchester）科学案例研究中，撒克里试图拓展科学发展和工业革命两者关系的讨论。他指出：

> 在科学作为文化活动的这层意义上，研究机构的快速发展表明了基本的定性转变。英国科学促进协会的成立（1831年）以及相关新词"科学家"的创造都恰到好处地表明，科学从事者的数量、性质和定位都发生了转变。可是，几乎没有人关注自然知识发生这种社会和认知转变的驱动力。对于给定的技术发明或者更具洞察力的创新，其必需的先决条件常常是讨论工业革命时期科学的核心。然而，从历史角度来看，这是一种没有价值的有限关注，因为科学对思想的影响比对机器更大，那些熟知其他文化中现代化问题的人也开始察觉到这一点。科学可能是英国工业革命的组成部分，但它并没有直接地影响发明和创新的过程，这是一个未曾讨论过的假设。更确切地说，它的重要性还有待认识。[55]

撒克里认为，理解研究机构如曼彻斯特文学和哲学学会（Manchester Literary and Philosophical Society）受欢迎的要领，不在于科学和工业的经济联系而在于学会的功能：它是一种社会机构，促进了"边缘人的社会合法化"。科学是一种文化手段，通过它新的富裕精英可以定义并表达自我。此外，科学还是一种活动，它不同于其他的文化类型——音乐、绘画和文学，对这些新的精英特别有吸引力，因为它有教育价值、经济潜力以及民主作风的机构。[56] 不过，曼彻斯特模式的一般性如何还有待观察。1820年以后，地方博物学会开始大量出现。正如最后一章指出的，这些学会更多地发挥了教育功能而不是研究功能。然而，它们确实非常重要，有助于推广博物学、为研究者提供资金、建立博物馆等等。这些学会的社会史可能会加强撒克里的建议，即科学在 19 世纪的社会中发挥了重要的社会功能，它也有可能揭示那些因博物学而存在的各种支持的其他方面。因为除了神圣的激励、经济上的收益和社会上的优越地位，人们不应该忽略世俗的考虑：博物学提供了各种各样的娱乐活动，而博物学会为简单的社交活动提供了环境。1832 年，在面向贝里克希尔博物学家俱乐部（Berwickshire Naturalists Club）成员的演讲中，该协会的创始人乔治·约翰斯顿博士（Dr. George Johnston）说道：

> 先生们，这是我们第一年努力成果的快报。在我看来，这些成果不但没有反驳俱乐部运作人员的期望，反而证明了这些期望是合理的，我毫不怀疑未来几年俱乐部将更有效率地运转。可是，在评价我们协会的优势时，我采用了它对本国博物学作出的贡献，这使我犯了一个大错误，因为我相信它更大的作用是为该地区的博物学家提供了聚会场所。在此，他们可以互相认识；他们可以谈论共同的研究及其所有事件；他们可以互相交换口头信息；每个人都可以鼓励同伴的热情；我们也可以拥有"无忧的时光"并享受"完美的喜悦"。毫无疑问，美好的体验和风趣的幽默至今都是、也将继续成为我们每一次聚会的特征，这也印证了我为俱乐部设定的鲜明特征，即它的社交特征。[57]

于是，对博物学的支持也是一个研究主题，它和社会史的许多议题密切相关，只有把更多的注意力（包括比较研究）集中到 19 世纪博物学流行的根源上，才能详细地理解这个主题。　156

本专著简要地回顾了鸟类学和殖民、博物馆发展以及 19 世纪博物学盛行的关系，从中可以看出作为一门科学学科的鸟类学的诞生历史提出了一些历史问题，它们的答案不仅可以解决科学史的一些有趣问题，还有助于科学史融入更综合的 19 世纪历史。作为一门学科的鸟类学的诞生以及更大的博物学转型过程都和政治、经济、科技以及社会事件密切相关。有一些关系即使没有详细地理解，但在一般情况下也显而易见，比如殖民所发挥的基本作用，它为可用经验基础的扩展提供了机会。另一些关系则比较微妙，比如那些支持博物学发展的人的动机。此外，还有一些有趣的问题。不过，本专著建议在回答它们之前，必须要更全面地考察文化、社会和经济与境下的 19 世纪思想。例如，在 19 世纪相当多的领域明显存在着劳动分工，而博物学的专业化过程是以什么方式和它产生联系的？当时劳动分工十分明显，尤其是在制造业，还有医药行业、政府机构等等。在一些人看来，比如对科学改革和制造业改进都感兴趣的查尔斯·巴比奇，劳动分工"不仅适用于那些关注物质材料的产品，还同样适用于脑力产品"。[58] 在博物学领域，正统的《爱丁堡自然和地理科学期刊》（*The Edinburgh Journal of Natural and Geographical Science*）在它的新系列简介中罗列了一组管理人员，"他们负责其所在的几个知识领域的整体方向"。[59] 为证明这种新颖的实践合理，编辑指出：

> 居维叶已经把科学史的当前时期很好地命名为劳动分工时期。劳动分工的作用最早由艺术倡导，现在已经得到了科学各个分支的充分重视。这种方法可以用来传播知识，也可以用来获得知识，它的重要作用给主编留下了深刻印象，于是他寻求并获得了一些人的合作，他们的名字也会出现在管理人员的名单中。[60]

另一个有待更详细研究的问题也同样十分棘手，对于那些往往被视为工业革命背景的因素：欧洲经济的整体加速发展、交通系统的扩展以及人口的增长，博物学的发展和转型是以什么特殊方式和它们产生联系的？[61]博物学转型和工业革命的关系是特别有趣的问题，因为它不同于物理科学和工业革命两者关系的历史，这个主题没有那么容易通过简单的经济因素来进行说明，研究道路也通往更复杂的科学与社会关系分析。

　　18 世纪末和 19 世纪初，作为一门科学学科的鸟类学的诞生故事是多个议题的联结点，涉及的范围从鸟类学的技术性问题一直到文化变迁的广泛说明。在本专著中，我提出了我在鸟类学史中发现的发展主线。这个事件始于 18 世纪中期的两份研究，它们确立了鸟类研究的新标准。接下来，可用经验基础的增长和鸟类收藏的发展提供了新的数据，也帮忙明确了一些问题，这些问题又带来了更严谨、更专业的研究。对自然 158 的兴趣不断增加，对博物学的支持力度也不断加强，这些都促进了鸟类学的发展，于是到 19 世纪 30 年代一门公认的科学学科就存在了。在这一章，我试图指出一些更广泛的议题，它们都和那段历史有关。作为案例研究，本专著建议：关于 18、19 世纪的博物学史，现有的普遍说明都过于狭隘，我们需要对其进行大力扩展。这段鸟类学史还影响了我们对 19 世纪科学职业化和专业化的理解。它也稍微提及了达尔文研究的新维度。在更抽象的层面上，本研究还指出了把科学史融入综合史的需求。因为为了理解那些导致鸟类学诞生的事件，人们需要比以往更仔细地考察博物学和一些因素的关系：殖民、博物馆的兴起以及博物学在 19 世纪文化中的地位。这种研究不仅有助于说明博物学为什么会发生转型以及如何转型，还可以为那些通常不涉及科学史的历史主题增添新维度。

# 注释

## 序

1　在 18 世纪，地质学还属于博物学，一些历史学家也讨论了它的诞生，尤其是 Roy Porter, *The Making of Geology. Earth Science in Britain 1660-1815*, Cambridge, Cambridge University Press, 1977。

2　Gerald Lemaine, Roy MacLeod, Michael Mulkay, and Peter Weingart, eds., *Perspectives on the Emergence of Scientific Disciplines*, The Hague, Mouton, 1976.

## 引言

1　这个时期的一般调查如果完全讨论科学，往往会天真地关注它的"积极成就"，或者不加批判地陈述：由于科学和工业的"明显"关系，不断增加的支持是如何变得可用的。对于历史事件的相互联系，艾瑞克·约翰·霍布斯鲍姆的理解异常广泛，可是就连他也胆怯地回避了科学这个主题。请参考他这个时期的调查研究 E. J. Hobsbawm, *The Age of Revolution*, London, Abacus, 1977。

2　当然，一般的研究进路不会是新的。Stephen Mason, *Main Currents of*

*Scientific Thought*, London, Routledge and Kegan Paul, 充分地说明了这一点。最近也有优秀的详细例子：Maurice Crosland, *Gay Lussac, Scientist and Bourgeois*, Cambridge, Cambridge University Press, 1978，以及 Morris Berman, *Social Change and Scientific Organization. The Royal Institution, 1799-1844*, Ithaca, Cornell University Press, 1978。

3　一个引人注目的例外是戴维·艾伦的优秀研究 David Allen, *The Naturalist in Britain. A Social History*, London, Allen Lane, 1976。关于这个时期的通俗博物学，一些研究考察了它们出现的社会与境。例如，请参考 Susan Sheets-Pyenson, "War and Peace in Natural History Publishing: *The Naturalist's Library*, 1833-1843", Isis, 1981, 72(261): 50-72。

4　这个观点在下述作品中进行了讨论：William Coleman, *Biology in the Nineteenth Century: Problems of Form, Function, and Transformation*, New York, Wiley, 1971，以及约瑟夫·席勒的两份研究 Joseph Schiller, *Physiology and Classification*, Paris, Maloine, 1980 和 *La notion d'organisation dans l'histoire de la biologie*, Paris, Maloine, 1978。关于博物学转型的一般特征以及它和生物学转型的关系，请参考我的文章 Paul Lawrence Farber, "The Transformation of Natural History in the Nineteenth Century", *Journal of the History of Biology*, 1982, 15(1): 145-152。

5　尽管这是当时持有的观点，例如第 1 版的 *Encyclopedia Britannica*, Edinburgh, Bell and Macfarquhar, 1771, Vol. 3, p. 362，它把博物学定义为"一种科学，这种科学不仅从整体上给出了自然产物的完整描述，还传授了排列它们的方法"，但仍可以说 18 世纪晚期的博物学是一个更广泛的事业。请参考我的文章 Paul Lawrence Farber, "Research Traditions in Eighteenth-Century Natural History", *Atti del Convegno di Studi Lazzaro Spallanzani e la Biologia del' 700 Esperimenti Teorie Instituzioni*, in press。

6　Gottfried Treviranus, *Biologie oder Philosophie der lebenden Natur für Naturforscher und Aertze*, Göttingen, Röwer, 1802, Vol.1, p.4。关于其概念的讨论，请参考 B. Hoppe, "Le concept de biologie chez G. R. Treviranus", in Joseph Schiller (ed.), *Colloque internationale "Lamarck"*, Paris, Blanchard, 1971, pp. 199-237。

7　Jean-Baptiste Lamarck, *Hydrogéologie ou Recherches sur l'influence qu' ont les eaux sur la surface du globe terrestre; sur les causes de l'existence du bassin des merst, de son déplacement et de son transport successif sur les différens points de la surface de ce globe; enfin sur les changemens que les corps vivans exercent sur la nature et l'état de cette surface*, Paris, chez l'auteur, 1802, p. 8。关于拉马克思想的讨论，请参考：Joseph Schiller, "Physiologie et classification dans l'oeuvre de Lamarck", *Histoire et Biologie*, 1969, 2: 35-57，Richard Burkhardt, Jr., *The Spirit of System. Lamarck and Evolutionary Biology*, Cambridge, Mass., Harvard University Press, 1977，以及 Leslie Burlingame, "Lamarck's Theory of Transformation in the Context of His Views of Nature, 1776-1809", Ph.D., Cornell University, 1973。

8    请参考他的经典研究 Arthur O. Lovejoy, *The Great Chain of Being. A Study of the History of an Idea*, Cambridge, Mass., Harvard University Press, 1936。

9    米歇尔·福柯和沃尔夫·勒佩尼斯（Wolf Lepenies）都讨论过一般认识论的转变。请参考 Michel Foucault, *Les mots et les choses. Une archéologie des sciences humaines*, Paris, Gallimard, 1966，以及 Wolf Lepenies, *Das Ende der Naturgeschichte. Wandel kultureller Selbstverständlichkeiten in den Wissenschaften des 18. un 19. Jahrhunderts*, Munich, Hansen, 1976。雅克·罗杰（Jacques Roger）讨论了这个时期的文献，请参考 Jacques Roger, "The Living World" in G. S. Rousseau and Roy Porter (eds.), *The Ferment of Knowledge, Studies in the Historiography of Eighteenth-Century Science*, Cambridge, Cambridge University Press, 1980, pp. 255-283。

10    内森·莱因戈尔德最近指出，科学史的发展趋势远离了内－外研究进路的二分法，转向了更综合的科学史概念。请参考 Nathan Reingold, "Through Paradigm-Land to a Normal History of Science", *Social Studies of Science*, 1980, 10: 475-496。

11    请参考注释 3。

12    重要文章、文献和书籍的名单太广泛，因而无法一一列举。比较近期的经典论著有：Jean Anker, *Bird Books and Bird Art. An Outline of the Literary History and Iconography of Descriptive Ornithology*, Copenhagen, Levin & Munksgaard, 1938; W. H. Mullens and H. K. Swann, *A Bibliography of British Ornithology from the Earliest Times to the End of 1912*, London, Macmillan, 1917; Claus Nissen, *Die illustrierten Vogelbücher*, Stuttgart, Hiersemann, 1953；René Ronsil,

"L'art français dans le livre d'oiseaux, Elements d'une iconographie ornithologie français", *Mémoires du Muséum National d'Histoire Naturelle*, 1957, ser. A, 15(1); John Todd Zimmer, "Catalogue of the Edward E. Ayer Ornithological Collection", *Field Museum of Natural History*, Zoological Series, 1926, Vol. 16。

13　Maurice Boubier, L'Evolution de l'ornithologie, Paris, Félix Alcan, 1925.

14　Erwin Stresemann, Die Entwicklung der Ornithologie, Berlin, F. W. Peters, 1951。英译本 *Ornithology from Aristotle to the Present*, Cambridge, Mass., Harvard University Press, 1975 有一份额外的文献论述，它是由恩斯特·迈尔（Ernst Mayr）撰写的关于美国鸟类学史的文章。不幸的是，该译本缺少原始插图和参考文献。

## 第 1 章

1　André Bourde, *Agronomie et agronomes en France au XVIII<sup>e</sup> siècle*, Paris, S.E.V.P.E.N., 1967, Vol. 2. pp. 891-893.

2　E.g.,［Menon］, *Traité historique et practique de la cuisine*, Paris, Bauche, 1758, Vol. 1, pp. 260-446.

3　请参考 Sonia Roberts, *Bird-keeping and Bird Cages. A History*, Newton Abbot, David & Charles, 1972，这是一份有趣的养鸟描述。

4　例如，请参考 J. M. Chalmers-Hunt, *Natural History Auctions 1700-1972. A Register of Sales in the British Isles*, London, Sotheby Parke Bemet, 1976，以及 Frits Lugt, *Repertoire de ventes publiques*, La Haye, Nijhoff, 1933-53。

5　理查德·奥尔蒂克（Richard Altick）在他的书籍 Richard Altick, *The Shows of London*, Cambridge, Mass., Harvard University Press, 1978 中描述了机械玩具的流行。一些机械玩具不但不无聊，还有严肃的科学目的。例如，请参考 David M. Fryer and John C. Marshall, "The Motives of Jacques de Vaucanson", *Technology and Culture*, 1979, 20(2): 257-269。

6　Andre Blum, *Les modes au XVII<sup>e</sup> et au XVIII<sup>e</sup> siècle*, *Paris*, Hachette, 1928, p. 80。除非另有注明，否则都是由作者翻译的。

7　在 *Dictionnaire de l'Académie Françoise*（1740）第 3 版中没有出现词语"鸟类学"，它首次出现在第 4 版（1762）中。请参考 *Dictionnaire de l'Académie Françoise*, Paris, Brunet, 1762, Vol. 2, p. 268。

## 第 2 章

1　关于布里松，最详尽的研究是 Constant Merland, "Mathurin-Jacques Brisson", *Biographies vendéennes*, Nantes, Forest et Grimaud, 1883, Vol. 2, pp. 1-47。勒内·塔东（René Taton）在 *Dictionary of Scientific Biography* 中的文章也是对布里松已知生平的优秀概括。

2　关于瑞欧莫及其收藏的讨论，请参考 Jean Torlais, *Réaumur. Un esprit encyclopédique en dehors de l'Encyclopédic*, Paris, Desclée de Brouwer, 1936。

3　瑞欧莫于 1743 年开始收集鸟类收藏。请参考 Maurice Trembley (ed.), *Correspondance inédite entre Réaumur et Abraham Trembley*, Genève, Georg, 1943, p. 187。

4　René-Antoine Ferchault de Réaumur, "Divers Means for preserving from Corruption dead Birds, intended to be sent to remote Countries, so that they may arrive there in good Condition. Some of the same Means may be employed for preserving Quadrupeds, Reptiles, Fishes, and Insects, by M. de Réaumur, F. R. S. and Memb. Royal Acad. Sc. Paris. translated from the French by Phil. Hen. Zollman, Esq; F. R. S.", *Philosophical Transactions of the Royal Society*, 1748, 45: 305。这份同时代的译文保留了那个时期的风格，比原始版本应用更广泛，而现在也很少见到瑞欧莫的小册子 *Différens moyens d'empêcher de se corrompre les oiseaux morts qu'on veut envoyer dans des pays éloignez et de les y faire arriver bien conditionnez. Quelques-uns de ces mêmes moyens peuvent être aussi employez pour conserver des quadrupèdes, des reptiles, des poissons et des insectes, n.p., n.p., n.d.* 关于标本剥制技术以及它和鸟类学发展的关系，请参考我的文章 Paul Lawrence Farber, "The Development of Taxidermy and the History of Ornithology", *Isis*, 1977, 68(244): 550-566。

5　关于瑞欧莫的收藏，在大多数原始标本消失之后，布里松的仔细描述和马蒂内的插图很好地保存了它的知识。不幸的是，很多同时期的收藏如汉斯·斯隆爵士的收藏还没有进行仔细记录就已经开始腐烂，尽管它后来成为了大英博物馆的组成部分。

6　关于博物珍藏馆的优秀讨论和文献，请参考 Yves Laissus, "Les Cabinets d'histoire naturelle", in René Taton (ed.), *Enseignement et diffusion des sciences en France au XVIII$^e$ siècle*, Paris, Hermann, 1964, pp. 659-712。

7 Mathurin-Jacques Brisson, *Le Regne animal divisé en IX classes*, Paris, Bauche, 1756, p. iii。

8 Mathurin-Jacques Brisson, *Ornithologie ou Méthode contenant la division des oiseaux en Ordres, Sections, Genres, Espèces & Leurs Variétés*, Paris, Bauche, Vol. 1, p. xviii.

9 尽管布里松利用了无与伦比的资源，但也无法观察到他想在其鸟类学中包含的所有鸟类。因此，考虑到完整性，很多情况下他虽然不愿意却又不得不依赖于其他作者。不过，他会谨慎地告知读者：他是否真正见过这种被问及的鸟类，以及他是比照完整的标本还是残缺的标本来对它进行描述的。这种详细的文献表明，就算在那些他依赖于其他作者的地方，他的研究也是全面的。

10 埃尔温·施特雷泽曼在他的 Erwin Stresemann, *Die Entwicklung,* p. 55 中对此进行了评论。

11 布里松给出了 80 个新属名，上述内容是指新的属这一群体。关于这一点的优秀讨论，请参考 J. A. Allen "Collation of Brisson's Genera of Birds with those of Linnaeus", *Bulletin of the American Museum of Natural History*, 1910, 28: 317‑335。

12 Brisson, Ornithologie, Vol. 1, p. xv.

13 同上，Vol. 1, p. 308。

14 明显借鉴了布里松作品的有：John Latham, *A General Synopsis of Birds*, London, Benjamin White, 1781；P. J. E. Mauduyt de la Varenne "Ornithologie", *Encyclopédie méthodique*, Paris, Panckoucke, ［1783］, Vol. 1；Thomas Pennant, *The British Zoology*, London, Cymmrodorion Society, 1761-6；Pierre Sonnerat, *Voyage aux Indes orientates et à la Chine, fait par ordre du Roi, depuis 1774 jusqu'en 1781*, Paris, auteur, 1782。

15 关于布丰的文献，请参考 E. Genet-Varcin and Jacques Roger, "Bibliographie de Buffon", in Jean Piveteau (ed.), *Oeuvres philosophiques de Buffon*, Paris, Presses Universitaries de France, 1954, pp. 513-575。关于布丰的鸟类学的一般背景，请参考 *Correspondance générale recueillie et annotée par H. Nadault de Buffon*, in J. -L. de Lanessan (ed.), *Oeuvres complètes de Buffon*, Paris, Abel Pilon, 1884‑5, Vol. 13-14. ［布丰的信件由亨利·纳多尔特·德·布丰（Henri Nadault de Buffon）在 1860 年单独出版，不过他的版本（Paris, Hachette, 1860）现在很少见。引文来自拉纳桑本（Lanessan

edition），它更容易查看也曾被重印。] Pierre Flourens, Des manuscrits de Buffon, Paris, Garnier, 1860；Louis Roule, Buffon et la description de la nature, Paris, Flammarion, 1924；Roger Heim (ed.), Buffon, Paris, le Muséum National d'Histoire naturelle, 1952；Otis Fellows and Stephen Milliken, Buffon, New York, Twayne, 1972。

16    Daniel Momet, "Les enseignements de bibliothèques privées (1750‐1780)", *Revue d'Histoire Littéraire de la France*, 1910, 18: 460.

17    *Lettres inédites de Réaumur*, La Rochelle, Académie des Belles Lettres, Sciences et Arts de la Rochelle, 1886, pp. 78‐79.

18    关于布丰的资源或他对它们的利用情况，知道的不太多。伊丽莎白·安德森（Elizabeth Anderson）和斯蒂芬·米利肯（Stephen Milliken）完成了非常仔细的研究，可以揭示这个主题的部分内容。例如，请参考 Elizabeth Anderson, "La collaboration de Sonnini de Manoncourt à l'Histoire naturelle de Buffon", *Studies on Voltaire and the Eighteenth Century*, 1974, 120: 329‐358，以及 "Some Possible Sources of the Passages on Guiana in Buffon's *Epoques de la Nature*", Trivium, 1970, 5: 72‐84, 1971, 6: 81‐91, 1978, 8: 83‐94, 1974，9: 70‐80；Stephen Milliken, "Buffon and the British", Ph.D., Columbia University, 1965。

19    Georges-Louis Leclerc de Buffon, *Histoire naturelle des oiseaux*, Paris, Imprimerie Royale, 1770‐83. Vol. 2, pp. 1-2。以下称为"HNO"。

20    同上，Vol. 7, p. 328。

21    同上，Vol. 1, p. iv。

22    Georges-Louis Leclerc de Buffon, *Histoire naturelle, générale et particulière*, Paris, Imprimerie Royale, 1749‐89, Vol. 1, p. 26。

23    *Correspondance générale*, Vol. 13, p. 347。盖诺·德·蒙贝亚尔（Guéneau de Montbeillard）参与了第1卷，而加布里埃尔·利奥波德·贝克森修士参与了最后3卷。

24    请参考 Buffon, "De la degénérátion des animaux", *Histoire naturelle*, Vol. 14, p. 311-374。布丰对该主题的想法在不断地发展，关于这一点的讨论请参考我的文章 Paul Lawrence Farber, "Buffon and the Concept of Species", *Journal of the History of Biology*, 1972, 5 (2): 259‐284。雅克·罗杰曾非常仔细地考察了布丰的理论及其历史与境，请参考 Jacques Roger, *Les sciences de la vie dans la pensée*

*française du XVIII<sup>e</sup> siècle*, Paris, Armand Colin, 1963。

25　Buffon, *HNO*, Vol. 1, p. vi.

26　Ronsil, *l'art français dans le livre d'oiseaux*, p. 27.

27　"Histoire Naturelle des Oiseaux par M. de Buffon", Paris, n.p., n.p., n.d., PP. 1-2.

28　Buffon, *HNO*, Vol. 1, p. 394.

29　例如，在他关于"杜鹃"的文章中出现了他对所谓隔离现象的评论，请参考 Buffon, "Coucou", *HNO*, Vol. 6, p. 305-351, esp. pp. 321-322。

30　同上，Vol. 8, p. 115。

31　同上。

32　同上，p. 461。

33　同上，Vol. 7, pp. 108-109。

## 第3章

1　18 世纪下半叶和 19 世纪初的博物学时尚经常被提及。有一份记录这个趋势的有趣研究，请参考 Don Baesel, "Natural History and the British Periodicals in the Eighteenth Century", Ph.D., Ohio State University, 1974。

2　Gilbert White, *The Natural History of Selbome*, Harmondsworth, Penguin, 1977, p. 125〔letter #7 to Daines Barrington, Oct. 8, 1770〕.

3　British Museum, Egerton ms. 3147, fol. 15。关于达沃斯顿的有趣讨论，请参考 D. E. Allen, "J. F. M. Dovaston. An Overlooked Pioneer of Field Ornithology", *Journal of the Society for the Bibliography of Natural History*, 1967, 4(6): 277-283。

4　请参考 R. J. Cleevely, "Some Background to the Life and Publications of Colonel George Montagu (1753-1815)", *Journal of the Society for the Bibliography of Natural History*, 1978, 8(4): 445-480，以及 Bruce Cummings, "Colonel Montagu, Naturalist", *Proceedings of the Linnean Society of London*, 1914-5: 43-48。

5　Col. George Montagu, *Supplement to the Ornithological Dictionary, or Synopsis of British Birds*, Exeter, Woolmer, 1813, p. vi.

6　请参考 Jacob Kainan, "Why Bewick Succeeded: a Note in the History of Wood Engraving", *Bulletin of the United States National Museum〔Contributions from the*

*Museum of History and Technology ]* 1959, 218: 185-201。

7 Cleevely, "Some Background to the Life and Publications of Colonel George Montagu", p. 448.

8 第 1 卷讨论四足动物。不过，在第 2 卷的前言中，他告诉读者"我最喜欢的博物学分支一直都是鸟类学"：Johann Matthaeus Bechstein, *Gemeinnützige Naturgeschichte Deutschlands nach allen drey Reichen*, Leipzig, Crusius, 1789-95, band 2, pt. 1, p. v。

9 请参考 Frédéric Mauro, *L'Expansion Européenne (1600-1870)*, Paris, Presses Universitaires de France, 1967，它有最优秀的文献。另外，还可以参考 John Dunmore, *French Explorers in the Pacific, Oxford*, Oxford University Press, 1965，以及 J. Holland Rose, A. P. Newton, and E. A. Benians (eds.), *The Cambridge History of the British Empire, Cambridge*, Cambridge University Press, 1929-63。

10 请参考 Jacques Berlioz, "Les premières recherches ornithologiques françaises en Afrique du Sud", *The Ostrich*, 1959, sup. 3: 300-302；Vernon Forbes, "Some Scientific Matters in Early Writings on the Cape", in A. C. Brown (ed.), *A History of Scientific Endeavor in South Africa*, Capetown, Royal Society of South Africa, 1977, p. 39；Erwin Stresemann, *Die Entwicklungt*, pp. 89-103。

11 Erwin Stresemann, "Die brasilianischen Vogelsammlungen des Grafen von Hoffmannsegg aus den Jahren 1800-1812", *Bonner Zoologische Beiträge*, 1950, 1: 43-51 and 126-143.

12 William Burchell, *Travels in the Interior of Southern Africa*, London, Longman, Hurst, Rees, Orme, and Brown, 1822-24, Vol. 1, p. v.

13 J. A. Allen, "On the Maximilian Types of South American Birds in the American Museum of Natural History", *Bulletin of the American Museum of Natural History*, 1889, 2(3): 209-276，文中描述了马克西米利安亲王的收藏中比较引人注目的标本，它们于 1870 年被美国自然博物馆（American Museum of Natural History）购得。

14 它作为一篇传记发表在 *Lardner's Cabinet Cyclopedia:* William Swainson, *Taxidermy, Bibliography, and Biography*, London, Longman, Orme, Brown, Green and Longmans, and John Taylor, 1840, pp. 338-352。更多的信息请参考 D. J. Galloway,

"The Botanical Researches of William Swainson F. R. S., in Australia, 1841‐1855",
*Journal of the Society for the Bibliography of Natural History*, 1978, 8(4): 369‐379。

15　林奈学会有五大卷约翰·斯温森的信件，关于那个时期他的生活和科学地位，这些信件包含了非常丰富的信息。请参考 "Catalogue of the Swainson Correspondence in the Possession of the Linnean Society", *Proceedings of the Linnean Society of London*, 1899‐1900: 25‐61。

16　Swainson, *Taxidermy*, p. 345.

17　Archives nationales, (Paris) AJ[15] 565, folder 5。关于这个项目的手稿，法国国家档案馆有丰富的收藏，而这个项目也是可以认真研究的好主题。请参考，尤其是 Archives nationales, AJ[15] 240 and 565。

18　在法国国家自然博物馆的多本《记录》(*Mémoirs*) 和《年鉴》(*Annales*) 中描述了这些探险活动的成果。

19　请参考 Erwin Stresemann, "Die Enwicklung der Vogelsammlung des Berliner Museums unter Illiger und Lichtenstein", *Journal für Ornithologie*, 1922, 10: 498‐503，以及他的 "Der Naturforscher Friedrich Sellow (d. 1831) und sein Beitrag zur Kenntnis Brasiliens", *Zoologischen Jarbücher* (Abteilung für Systematik, Ökologie und Geographie der Tiere), 1948, 77(6): 401‐425。

20　请参考 Agatha Gijzen, 's *Rijksmuseum van Natuurlijke Historie 1820‐1915,* Rotterdam, Brusse, 1938。

21　同上，p. 91.

22　关于葡萄牙的探险活动的有趣讨论以及那次向巴黎转移的描述，请参考 William Joel Simon, "Scientific Expeditions in the Portuguese Overseas Territories, 1783‐1808; the Role of Lisbon in the Intellectual-Scientific Community of the Late Eighteenth Century", Ph.D., The City University of New York, 1974。

23　在巴黎，法国国家自然博物馆的图书馆有很重要的韦罗手稿收藏，这些手稿连同法国国家档案馆（巴黎）庞大的韦罗档案一起为相关研究奠定了基础，从而可以对这个有趣而重要的家族进行严肃的研究。

24　Agnes Beriot, *Grand voiliers autour du monde: Les voyages scientifiques 1760-1850*, Paris, Port Royal, 1962, p. 81。关于更详尽的参考文献和手稿资源清单，除了这份优秀的研究，还可以参考 Beriot, "Essai sur les sources documentaires

concernant les voyages de circumnavigation entrepris par la Marine Française",
Diplôme, l'Institue des Techniques de la Documentation, Paris, 1958。

25　请参考 J. J. H. de Labillardière, *Relation du voyage à la recherche de LaPérouse,
fait par ordre de l'Assemblee Constituante, pendant les années 1791, 1792, et pendant la
1 $^{ere}$ et la 2 $^{e}$ année de la République Française*, Paris, Jansen, 1800。给予特尔卡斯托
（Entrecasteaux）探险活动的科学建议非常详细，还描绘了那个时期科学收藏的美
好画面。请参考 Bibliothèque de Muséum National d'Histoire naturelle, ms. 46。

26　A. L. Jussieu, "Notice sur l'expédition a la nouvelle-hollande, Entreprise pour
des recherches de Géographie et d'Histoire naturelle", *Artnales du Muséum National d'
Histoire naturelle*, 5: 7.

27　同上，p. 10。

28　Maurice Zobel, "Les naturalistes voyageurs Français et les grands voyages
maritimes du XVIII $^{e}$ et XIX $^{e}$ siècle", Doctorat en Medecine, Faculté de Medecine de
Paris, Paris, 1961, p. 35.

29　Dunmore, *French Explorers*, p. 228.

30　René Lesson and Prosper Garnot, *Voyage autour du Monde, exécuté par
Ordre du Roi, sur la Corvette de Sa Majesté, La Coquille, pendant les années 1822,
1823, 1824, et 1825 ... Zoologie*, Paris, Bertrand, 1825‑1830, Vol. 1, p. ii.

31　引用自 Louis de Freycinet, *Voyage autour du monde ... exécuté sur les corvettes
de S. M. l'Uranie et La Physicienne, pendant les années 1817, 1818, 1819, et 1820*, Paris,
Pillet, 1825, Vol. 1, p. xxxiv。

32　例如，请参考细致的研究 Elsa Alien, "The History of American Ornithology
before Audubon", *Transactions of the American Philosophical Society*, 1951, 41(3):
385‑591。

33　Thomas Horsfield and Frederic Moore, *A Catalogue of the Birds in the
Museum of the Hon. East-India Company London*, W. Allen, 1854‑8, Vol. 1, p. iii。这
份收藏最终转移到伦敦自然博物馆，关于它的简要讨论请参考 Charles Cowan,
"Horsfield, Moore, and the Catalogues of the East India Company Museum", *Journal of
the Society for the Bibliography of Natural History*, 1975, 7(3): 273‑284，以及 Mildred
Archer, *Natural History Drawings in the India Office Library*, London, Commonwealth

Relations Office, 1962。

34　Martin Montgomery (ed.), *The Despatches, Minutes, and Correspondence, of the Marquess Wellesley, K. G. during his Administration in India*, London, W. Allen, 1836, Vol. 4, pp. 674-676.

35　例如，哈德威克少将（General Hardwicke）的书信保存在大英博物馆（Add. ms. 9869），其中就包含了他的抱怨"我受到了不公正的对待"。（Letter of Aug. 16, 1822 to A. Macleay, fol. 102 ）。

36　请参考 Barbara Beddall, "'Un Naturalista Original': Don Félix de Azara, 1746-1821", *Journal of the History of Biology*, 1975, 8(1): 15-66。

37　请参考 Paul Fournier, *Voyages et découvertes scientifiques des missionnaires naturalistes Français à travers le monde pendant cinq siècles XV$^e$ a XX$^e$ siècles*, Paris, Lechevalier, 1932。

38　Linnean Society, Swainson Correspondence, letter of William Burchell to Swainson, Sept. 27, 1819.

39　请参考 Georges Cuvier, "Catalogue des préparations anatomiques laissées dans le cabinet d'anatomie comparée de Muséum d'Histoire Naturelle, par G. Cuvier", *Nouvelles Annales du Muséum*, 1833, 2: 417-508，其中罗列了 2452 种鸟类标本。

40　*Catalogue of the Contents of the Museum of the Royal College of Surgeons in London, London*, Warr, 1831, pp. 172-211.

41　尽管这份文献的一些内容（例如繁殖的鸽子）被很多"严肃的"博物学家轻视，但它们往往有相当大的科学价值。请参考 James Second, "Nature's Fancy: Charles Darwin and the Breeding of Pigeons", *Isis*, 1981, 72(262): 163-186。

## 第 4 章

1　从波特兰女公爵玛格丽特·卡文迪什·哈莉（Margaret Cavendish Harley, Duchess Dowager of Portland）的销售目录可以发现，她的收藏是这些收藏最华丽的代表之一：*A Catalogue of the Portland Museum, lately the property of the Duchess Dowager of Portland, Deceased: Which will be sold by auction, by Mr. Skinner & Co.*, n.p., n.p., 1786。

2　不过，博物学家通常都可以查看这些收藏。例如，莱瑟姆提到了他在利弗、班克斯和滕斯托尔的收藏中考察到的标本。

3　请参考 E. Mendes da Costa, "Notes and Anecdotes of Literati, Collectors, &c. from a ms. by the late Mendes de［sic］Costa, and Collected between 1747 and 1788", *The Gentleman's Magazine*, 1812, (1): 205‑207 and 513‑516。

4　A. J. Desallier d'Argenville, *La Conchyliologie ou Histoire naturelle des coquilles … Troisième édition par MM. de Favanne de Montcervelle père et fils*, Paris, DeBure, 1780, p. 193.

5　British Museum, Add. ms. 28540, fol. 156。在大英博物馆（Add. mss. 28534-28546）有 9 卷达·科斯塔的通信，它们提供了 18 世纪下半叶收集到的优秀博物学图画。

6　同上。关于收藏的流行情况的描述，请参考 *Altick, The Shows of London*。

7　W. H. Mullens, "Some Museums of Old London. I. The Leverian Museum", *The Museums Journal*, 1915, 15: 123‑129 and 162‑172.

8　引自 Mullens, "Some Museums of Old London, I.", p. 126。

9　William Jerdan, *Men I have Known*, London, Routledge, 1866, pp. 70‑71。还可以参考 W. H. Mullens, "Some Museums of Old London. II. William Bullock's London Museum", *The Museums Journal*, 1917, 17: 51‑56, 132‑137, and 180‑187。

10　在他去世之后，这份收藏被纽卡斯尔文学和哲学学会（Newcastle Literary and Philosophical Society）购得，后来还成为了汉考克博物馆（Hancock Museum）的核心。请参考 Russell T. Goddard, *History of the Natural History Society of Northumberland, Durham, and Newcastle Upon Tyne 1829‑1929*, Newcastle-upon-Tyne, Reid, 1929, pp. 12‑57。乔治·汤曾德·福克斯（George Townshend Fox）在他的书中评论了滕斯托尔收藏的历史意义，请参考 George Townshend Fox, *Synopsis of the Newcastle Museum*, Newcastle, Hodgson, 1827, p. vi。他指出它的收藏目录很有价值，"使动物学的学生比较和鉴别了许多动物的实际标本，这些标本在一定程度上已经成为了经典，满足了许多作者的独创描述和描绘的需求，尤其是彭南特先生在他的各个作品中，布朗（Brown）在他的'动物学插图'（Illustrations of Zoology）中，莱瑟姆博士在他的'鸟类综述'（Synopsis of Birds）中，蒙塔古上校在他的'鸟类学词典'（Ornithological Dictionary）中"。其实，他还可以增加贝维克（Bewick）的名字。

11　请 参 考 Jacques Berlioz, "Les collections ornithologiques du Muséum de Paris", *L'Oiseau*, 1938, (2): 237-260，以及 J. P. F. Deieuze, *Histoire et description du Muséum Royal d'histoire naturelle*, Paris, Royer, 1823。

12　Bibliothèque du Muséum National d'Histoire naturelle, ms 2528, no. 42.

13　请 参 考 F. Boyer, "Le Transfert à Paris des collections du Statholder (1792)", *Annales historiques de la Revolution françaisey*, 1971, (205): 289-404。布瓦耶（Boyer）引用了四名委员之一安德烈·图安（André Thouin）的言论，他曾写道这份战利品："通过合并，国家的收藏会成为世界上最重要的收藏，对自然科学的进步也最有用"，p. 393。

14　不过，也有可能和通常认为的不一样。请参考 M. Boeseman, "The Vicissitudes and Dispersal of Albertus Seba's Zoological Specimens", *Zoologische Mededelingen*, 1970, 44(13): 177-206，它提出一些标本被掩藏而没有转移到法国。

15　若弗鲁瓦给出了以下来源清单：

| | |
|---|---|
| L'ancienne collection du Muséum d'Histoire naturelle | 102 |
| La mission en Hollande de MM. Thouin et Faujas | 390 |
| Le voyage à Cayenne de M. Richard | 37 |
| Le voyage à Cayenne de MM. Leblond et Brocheton | 102 |
| Un cabinet acquis de Madame Chénié | 295 |
| Le voyage aux Antilles de Maugé | 296 |
| Les envois (de Cayenne) de M. Martin | 198 |
| Mon voyage en Egypte | 39 |
| Le voyage au Bengale de M. Mace | 135 |
| Le voyage aux Terres-Australes de MM. Perron, Lesueur, Maugé et Levillain | 403 |
| Les envois (de l'lle de France) de M. Dumont | 20 |
| Le voyage en Angleterre de M. Dufresne | 36 |
| Le voyage à Java de M. Leschenault | 78 |
| Les dons de S. M. l'IMPÉRATRICE | 22 |
| Ma mission en Portugal | 275 |
| La ménagerie du Muséum d'Histoire naturelle | 170 |
| Les correspondances de MM. Baillon | 176 |

Mes relations et correspondances particulières 　　　　　637

合计 　　　　　3411

来自 Etienne Geoffroy Saint-Hilaire, "Sur l'accroissement des collections des mammifères et des oiseaux du Muséum d'Histoire naturelle", *Annales du Muséum*, 1809, 13: 88。始于 1793 年的 "旧收藏"（old collection）只罗列了 102 种，因为有 361 种已经被替换了。

16　1821 年的预算包括了 3 位全职和 8 位兼职动物标本剥制师。到 1832 年，预算显示有 6 位全职。Bibliothèque du Muséum National d'Histoire naturelle, ms. 2298。

17　请 参 考 "Notice sur M. Dufresne, aide-naturaliste au Muséum", *Nouvelles Annales du Muséum d'Histoire Naturelle*, 1833, 2: 357‐359，以及 Jessie Sweet, "The Collection of Louis Dufresne (1752‐1832), *Annals of Science*, 1970, 26: 33‐71。

18　Jean Chaia, "Sur une correspondance inédite de Réaumur avec Artur, premier Medicin du Roy a Cayanne", *Episteme*, 1968, 2: 130。

19　请参考 Farber, "The Development of Taxidermy"。

20　Isidore Geoffroy Saint-Hilaire, *Introduction au catalogue méthodique des collections de mammifères et d'oiseauxt*, Paris, Plon, 1850, pp. iv-v，文中骄傲地指出，这份收藏已经被国内外学者利用。19 世纪前 30 年里，大部分动物学家的通信也证实了若弗鲁瓦的说法。例如，1817 年威廉·柯比（William Kirby，1759—1850）写信给亚历山大·麦克里："博物馆的每个部分都处于美妙的秩序中，也进行了系统地排序，因而每个学生都可以迅速地找到他想要的每个物体，同时每一个他想要的设施也都会提供给他。我希望大英博物馆的动物学部分也可以处于类似的秩序"。Linnean Society, Macleay Correspondence, Letter of June 25, 1817。

21　Deleuze, *Histoire*, p. 436.

22　British Museum, Add. ms. 28544 fol. 148. Letter of March 4, 1784.

23　关于利弗博物馆的命运的描述，请参考 Mullens, "Some Museums of Old London, I"。

24　请参考 *Catalogue of the Leverian Museum*, London, Hayden, 1806。

25　请参考 A. von Pelezin, "Birds in the Imperial Collection of Vienna obtained from the Leverian Museum", *Ibis*, 1873, 3: 14‑54 and 105‑124。

26　请参考 *Catalogue (Without which no Person can be admitted either to the View or Sale) of the Roman Gallery, of Antiquities and Works of Art, and of the London Museum of Natural History: (Unquestionably the Most Extensive and Valuable in Europe) at the Egyptian Hall in Piccadilly; Which will be Sold by Auction, positively without the least reserve, by Mr. Bullock*, n.p., n.p., n.d.［1819］。

27　*Catalogue*, p. 4.

28　请参考我的文章 Paul Lawrence Farber, "The Type-Concept in Zoology during the First Half of the Nineteenth Century", *Journal of the History of Biology*, 1976, 9(1): 93‑119。

29　John Latham, *A General History of Birds*, Winchester, Jacob and Johnson, 1821‑4, Vol. 1, p. ix.

30　请参考 *The History of the Collections in the Natural History Departments of the British Museum*, London, British Museum, 1904‑6，以及 Albert Gunther, *A Century of Zoology at the British Museum through the Lives of Two Keepers 1815‑1914*, London, Dawsons, 1975。

31　Great Britain, *Parliamentary Papers* (Commons), "Report from the Select Committee on the Condition, Management and Affairs of the British Museum", 1835-36, 1: 217。（以下称为《特别委员会报告》［Report from the Select Committee］。）这份 2 卷的报告极有价值，因为它包含了那个时期领军人物的声明。

32　同上，pp. 242‑243。

33　请参考 Charles Cowan, "Horsfield, Moore and the Catalogues of the East India Company Museum", *Journal of the Society for the Bibliography of Natural History*, 1975, 7(3): 273‑284。尽管这份收藏最初给人留下了非常深刻的印象，但是许多标本都保存不善，在它们转移到大英博物馆（1863 年）之前就毁掉了。当人们认识到不当的保存会给鸟皮带来多少损害时，就可以更好地理解迪弗雷纳和其他成功的标本剥制师的重要性。

34　Bibliothèque du Muséum National d'Histoire naturelle, ms 2613, no. 3545, letter of July 7, 1828。关于动物学会的流行，还可以参考 John Bastin, "The First Prospectus of the Zoological Society of London: New Light on the Society's Origins", *Journal of the Society for the Bibliography of Natural History*, 1975, 5(5): 369-388，以及 "A Further Note on the Origins of the Zoological Soceity of London", *Ibid.*, 1973, 6(4): 236-241。还有 Henry Scherren, *The Zoological Soceity of London*, London, Cassell, 1905。

35 在《特别委员会报告》中着重强调了这一点，请参考 *Report from the Select Committee*, Vol. 1, p. 203。

36 请参考 H. Engel, "Alphabetical List of Dutch Zoological Cabinets and Menageries", *Bijdragen tot de Dierkunde*, 1939, 27: 247-346。

37 François Levaillant, *Histoire naturelle des oiseaux d'Afrique*, Paris, Fuchs, 1798, Vol. 1, p. 89.

38 关于它的历史，请参考 Agatha Gijzen, *'s Rijksmuseum*。

39 *Report from the Select Committee*, Vol. 2, p. 184.

40 接下来的讨论来自 Gijzen, *'s Rijksmuseum*。

41 他在信中提到了这一点，例如 Bibliothèque du Muséum National d'Histoire naturelle, ms. 1989, No. 904, letter of October 16, 1820 to Cretzschmar，其中克雷茨奇马尔是美因河畔法兰克福自然博物馆的馆长。特明克还很擅长鸟类标本的保护，也得到了勒瓦扬的指导，而勒瓦扬曾师从贝科尔学习这门艺术。

42 请参考 T. G. Ahrens, "The Ornithological Collections of the Berlin Museum", *Auk, 1925*, 42: 241-245，August Braun, "Das zoologische Museum", in Max Lenz (ed), *Geschichte der königlichen Friedrick-Wilhelms-Universität zu Berlin*, Halle, Verlag der Buchlandlung des Waisenhauses, 1910, Vol. 3, pp. 372-389，以及 Gottfried Mauersberger, "Über wertvolle Stücke der Vogelsammlung des Berliner Naturkundemuseums", *Wissenschaftliche Zeitschrift der Humboldt-Universität zu Berlin*, 1970, 17: 152-155。尽管关于德国大学的科学研究发展（大部分是物理科学或生理学）已经完成了相当有趣的研究，但是关于德国自然博物馆的发展历史仍然涉及得相对较少。

43 Erwin Stresemann, "Die Entwicklung der Vogelsammlung des Berliner Museums unter Illiger und Lichtenstein", *Journal für Ornithologie*, 1922, 70: 500.

44　到 1854 年，利希滕施泰因已经可以汇报：这份收藏拥有 13760 个标本，分属 4070 个种。请参考 M. H. K. Lichtenstein, *Nomenclator Avium Musei Zoologici Berlinensis*, Berlin, Königlichen Akademie der Wissenschaften, 1854, p. viii。

45　［G. Heldmann］, *Johann Jakob Kaup: Leben und Wirken des ersten Inspektors am Naturalien-Cabinet des Grossherzoglichen Museums 1803-1873*, Darmstadt, Selbstverlag des Verfassers, 1955, C. H. Hellmayr, "The Ornithological Collection of the Zoological Museum in Munich", *Auk*, 1928, 45, Otto Taschenberg, "Geschichte der Zoologie und der zoologischen Sammlungen an der Universität Halle 1694-1894", *Abhandlungen der Naturforschenden Gesellschaft zu Halle*, 1894, 20: 1-177.

46　Einai Lönnberg, "The Natural History Museum (Naturhistoriska Riksmuseum) Stockholm", *Natural History Magazine*, 1933, 4(27): 77-93，Ragnar Spärck, *Zoologisk Museum i København gennen tre aarhundredar*, Copenhagen, Munksguard, 1945, L. J. Fitzinger, "Geschichte des kais. kön. Hof-Naturalien-Cabinet zu Wien", *Sitzungsberichte der Kaiserlichen Akademie der Wissenschaften. Mathematisch-Naturwissenschaftliche Classe*, 1856, 21: 433-479.

47　C. J. Temminck, *Catalogue systématique du cabinet d'ornithologie et de la collection de Quadrumanes*, Amsterdam, Sepp, 1807。关于这份收藏的内容，它给出了很好的想法。还可以参考 J. A. Susanna, "Levensschets van C. J. Temminck", *Handelingen van de jaarlijksche algemeene vergadering van de Maatschappij der Nederlandsche Letterkunde te Leideny*, 1858: 47-78。

48　British Museum, Egerton ms. 3147, fol. 71. Letter of Sept. 7, 1828.

49　*A Catalogue of the Menagery and Aviary at Knowsley, formed by the late Earl of Derby, K. G.*, Liverpool, Walmsley, 1851.

50　Louis Fraser, *Catalogue of the Knowsley Collections, Belonging to the Right Honourable Edward (Thirteenth) Earl of Derby, K. G.*, Knowsley, by author, 1850, p. iii.

51　同上，pp. iii-iv。这份收藏最终转移到了利物浦镇（town of Liverpool），并成为了极受欢迎的德比博物馆（Derby Museum）的基础。

52　请参考［Jules Verreaux］, *Catalogue des oiseaux de la collection de feu Mr. Le B$^{on}$ de La Fresnaye de Falaise*, n.p., n.p., n.d.，以及 Outram Bangs, "Types of Birds

Now in the Museum of Comparative Zoology", *Bulletin of the Museum of Comparative Zoology*, 1930, 70(4): 147-426。在拉弗雷奈去世后四年，他的收藏被公开拍卖。整个收藏被波斯顿市购得，现存于比较解剖学博物馆。请参考 Thomas Renard, "Lafresnaye", *Auk*, 1945, 62(2): 227-233。

53　*Catalogue des oiseaux de la collection de M. le Baron Langier de Chartrouse*, Arles,［Garcin］, 1836.

54　请参考 *Catalogue de la magnifique collection d'oiseaux de M. Le Prince d' Eslingt, due de Rivoli*, Paris, Schneider & Langrand, 1846。整个收藏有超过 10000 个标本，全部被费城自然科学院（Academy of Natural Sciences of Philadelphia）购得。

55　迪歇纳·德·拉莫特的著名收藏仍然保存于阿布维尔（Abbeville）的布歇·德·佩尔特斯博物馆（musée Boucher de Perthes）。

56　请参考 J. A. Allen, "On the Maximillian Types of South American Birds"。1870 年，美国自然博物馆购买了马克西米利安的鸟类收藏，总共有 4000 个支撑起来的鸟类标本。正如艾伦的文章所描述的，这份收藏由于种类丰富而极具价值。

57　Ernest Hartert, "Eine bedeutende Vogelsammlung des 18. Jahrhunderts", *Ornithologische Monatsberichte*, 1923, 31(4): 73-75，文中有公爵的收藏描述，Wilhelm Petry, "Eine bedeutende Vogelsammlung des 18. Jahrhunderts", *Ornithologische Monatsberichte*, 1938, 45(5): 157-162，文中描述了公爵的收藏遭到破坏。

58　例如，请参考 William Blanpied, "Notes for a Study on the Early Scientific Work of the Asiatic Society of Bengal", *Japanese Studies in the History of Science*, 1973, 12: 121-144，F. Brandt, "Das zoologische und vergleichend-anatomische Museum", *Bulletin de l'Académie Impériale des sciences*, 1864, 7, supp. 2: 11-28，Frank Burns, "Charles W. and Titian R. Peale and the Ornithological Section of the Old Philadelphia Museum", *Wilson Bulletin*, 1932, 44: 23-35，W. Stone, "Some Philadelphia Ornithological Collections and Collectors, 1734-1850", *Auk*, 1899, 16: 166-177，以及 R. F. H. Summers, *A History of the South African Museum*, 1825-1975, Capetown, Balkems, 1975。

59　特明克看不起利希滕施泰因的实践，还在写给克雷茨奇马尔的信中对此抱怨。Bibliothèque de Muséum National d'Histoire naturelle, ms. 1989, No. 931。

60　［P. B. Duncan］, *A Catalogue of the Ashmolean Museum, descriptive of the Zoological specimens, antiquities, coins, and miscellaneous curiosities*, Oxford, Oxford University Press, 836, p. 6.

## 第 5 章

1　关于各种版本，请参考 Genet-Varcin and Roger, "Bibliography"。

2　James Hall Pitman, *Goldsmith's Animated Nature. A Study of Goldsmith* (*Yale Studies in English*, Vol. 66), New Haven, Yale University Press, 1924, p. 35。1972 年，小额出版社（The Shoestring Press）重印了皮特曼（Pitman）的书籍。

3　P. J. E. Mauduyt de la Varenne, "Ornithologie", Vol. 1, p. 405。出版日期很复杂。请参考 C. Davies Sherbom and B. B. Woodward, "On the Dates of Publication of the Natural History Portions of the 'Encyclopédic Méthodique'", *The Annals and Magazine of Natural History*, 1906, 17: 577‐582。

4　John Latham, *A General Synopsis*, pp. i-ii.

5　同上，p. iv。

6　请参考细致的研究 P. J. P. Whitehead, "Zoological Specimens from Captain Cook's Voyages", *Journal of the Society for the Bibliography of Natural History*, 1969, 5(3): 161-201，尤其是 p. 181。还可以参考 David Medway, "Some Ornithological Results of Cook's Third Voyage", *Journal of the Society for the Bibliography of Natural History*, 1979, 9(3): 315‐351。

7　G. M. Mathews, "John Latham (1740‐1837): an Early English Ornithologist", *Ibis*, 1931, 1(3): 466.

8　关于约翰·怀特的记录本，请参考 Hubert Massey Whittell, *The Literature of Australian Birds*, Perth, Paterson Brokenstra PTY. Ltd., 1954, p. 29；库克的材料，Whitehead, "Zoological Specimens"；哈德威克的材料，British Museum, Add. ms. 9869, fol. 109, letter of Nov. 6, 1822，信中哈德威克承诺莱瑟姆最先查看他的鸟类标本，还有 Add. ms. 29533, fol. 214-5, letter of May 10, 1825，信中莱瑟姆感谢哈德威克送给他鸟画。

9　Latham, *A General Synopsis*, p. i.

10　关于布里松和林奈的详细、有趣的对比，请参考 J. A. Allen, "Collation

of Brisson's Genera"。

11　研究林奈的文献非常多。关于他的受欢迎和影响力，也有很多优秀的讨论，请参考 Frans Stafleu, *Linnaeus and the Linnaeans. The Spreading of Their Ideas in Systematic Botany 1735-1789*, Utrecht, Oosthoek, 1971。关于林奈分类的清晰论述，请参考 James Larson, *Reason and Experience. The Representation of Natural Order in the Work of Carl von Linné*, Berkeley, University of California Press, 1971。

12　Linnean Society of London, Smith Correspondence, Vol. 23, p. 158, letter of March 8, 1821.

13　Mathews, "John Latham", p. 474.

14　Buffon, *HNO,* Vol. 1, pp. i-ii.

15　James Fisher, *The Shell Bird Book*, London, Ebury Press & Michael Joseph, 1966, p. 71.

## 第6章

1　关于这个主题的文献很多，非常有用的有：Henri Daudin, *De Linné à Jussieu. Les méthodes de la classification et l'idée de série en Botanique et en Zoologie* (*1740-1790*), Paris, Alcan, 1926; Emile Guyénot, *Les Sciences de la vie aux XVII ᵉ et XVIII ᵉ siècles*, Paris, Albin Michel; P. R. Sloan, "John Locke, John Ray and the Problem of the Natural System", *Journal of the History of Biology*, 1972, 5: 1-53。

2　Louis-Jean-Marie Daubenton, "Introduction a l'histoire naturelle", *Encyclopédic méthodique. Histoire naturelle des animaux*, Paris, Panckoucke, 1782, Vol. 1, p. iii.

3　请参考 William Coleman, *Georges Cuvier. Zoologist*, Cambridge, Mass., Harvard University Press, 1964, 以及 Henry Daudin, *Cuvier et Lamarck. Les classes zoologiques et l'idée de série animate* (*1790-1830*), Paris, Alcan, 1926。

4　Leonard Jenyns, "Report on the Recent Progress and Present State of Zoology", *Report of the Third Meeting of the British Association for the Advancement of Science*, 1834: 143-148.

5　*Lettres de Georges Cuvier à C. H. Pfaff, 1788-1792, sur l'histoire naturelle, la politique, et la littérature. Traduites de l'allemand par Louis Marchant*, Paris, Masson,

1858, p. 178.

6　Georges Cuvier, *Le Règne animal distribué d'apres son organisation, pour servir de base a l'histoire naturelle des animaux et d'introduction a l'anatomie comparée*, Paris Deterville, 1817, Vol. 1, p. xxii.

7　Coleman, *Georges Cuvier*, p. 67.

8　Henri-Marie Decrotay de Blainville, "Sur l'emploi de la Sternum et de ses annexes pour l'établissement ou la confirmation des families naturelles parmi les oiseaux", *Journal de Physique, de chemie, d'Histoire naturelle et des arts*, 1821, 92: 185-186。1815 年布兰维尔的记录就可以在法国科学院读到，但是直到 1821 年它才发表在《物理学期刊》（*Journal de physique*）上。尽管布兰维尔没有完善全部的细节，但是这个记录很有名也引起了很多讨论。布兰维尔的研究还激发了拉尔米内博士（Dr. F. J. L'Herminer），他在居维叶的带领下考察了比较解剖学收藏，并出版了关于这个主题的详细记录 F. J. L'Herminer, "Recherches sur l'appareil sternal des oiseaux, considéré sous le double rapport de l'ostéologie et de la myoiogie; suivies d'un Essai sur la distribution de cette classe de vertébrés, basée sur la considération du sternum et de ses annexes", *Mémoires de la Société Linnéenne de Paris*, 1827: 1-93。该书于次年出版了同名的第 2 版，其中有一份单独印刷的引言（Paris, Desbeausseaux, 1828）。拉尔米内的分类体系的主要特征和布兰维尔的一样，他为鹦鹉、鸵鸟和食火鸡以及鸽子建立了单独的目，把目的数量从 6 个变成了 9 个。

9　Louis-Piene Vieillot, "Ornithologie", *Nouveau dictionnaire d'histoire naturelle*, Paris, Deterville, 1818, Vol. 24, p. 69.

10　关于维埃约的鸟类学的有趣讨论，请参考 Paul Oehser, "Louis Jean Pierre Vieillot (1748-1831)", *Auk*, 1948, 65(4): 568-576，以及 Georges Olivier, *Un grand ornithologiste normand Louis-Pierre Vieillot. Sa Vie-Son Oeuvre*, Fécamp, Durand, 1965，后者是 1961 年奥利维耶在法国科学院鲁昂文学与艺术中心（Académie des sciences, belles-lettres et arts de Rouen）做的讲座的印刷版，它大量借鉴了奥瑟（Oehser）的研究。

11　Caroli Illigeri, *Prodromus Systernatis Mammalium et Avium*, Berlin, Salfeld, 1811.

12　Johann Karl Wilhelm Illiger, *Versuch einer Systematischen vollständigen Terminologie für das Thierreich und Pflanzenreich, Helmstädt, Fleckeisen*, 1800。恩斯特·迈尔呼吁大家关注伊利格的作品，请参考 Ernst Mayr, "Illiger and the Biological Species Concept", *Journal of the History of Biology*. 1968, 1(2):163‑178。最近，菲利普·斯隆（Phillip Sloan）也讨论了伊利格的重要性，请参考 Phillip Sloan, "Buffon, German Biology, and the Historical Interpretation of Biological Species", *British Journal for the History of Science*, 1979, 12(41): 109‑153。关于布卢门巴赫所在的哥廷根学派（Göttingen School），蒂莫西·勒努瓦（Timothy Lenoir）给出了一份优秀的描述，请参考 Timothy Lenoir, "The Göttingen School and the Development of Transcendental Naturphilosophie in the Romantic Era", *Studies in History of Biology*, 1981, 5: 111‑205。

13　在他关于鸽子的专著中，特明克把鸽子"这个类"分成了三个科，并说道："这个划分主要建立在习性和食物类型上，其中食物是指适合这几个科的鸟类的食物。"C. J. Temminck, *Histoire naturelle générale des pigeons et des Gallinacés*, Amsterdam, Sepp, 1813, Vol. 1, p. 32。

14　C. J. Temminck, *Observations sur la classification méthodique des oiseaux, et remarques sur l'analyse d'une nouvelle ornithologie élémentaire par L. P. Vieillot*, Amsterdam, Dufour, 1817, p. 5.

15　在《鸟类学手册；或欧洲鸟类全录》第2版的引言中，特明克写道：除了马德里（Madrid）和圣彼得堡（Saint‑Petersburg），他已经查看了所有重要的欧洲收藏。C. J. Temminck, *Manuel d'Ornithologie; ou Tableau systématique des oiseaux qui se trouvent en Europe; précédé d'une analyse du système générale d'ornithologie, et suivi d'une table alphabétique des espèces*, Paris, Dufour, 1820, Vol. 1, p. ix。他还完成了一些野外研究工作，尽管关于水生动物的多于鸟类的。

16　同上，pp. i‑ii。

17　Alfred Newton, *A Dictionary of Birds*, London, Adam and Black, 1893‑1896, p. 21.

18　请参考 Ronsil, "L'art français", Nissen, *Die illustrierten Vogelbücher*，以及 Anker, *Bird Books and Bird Art*。

19　Ronsil, "L'art français", p. 33.

20  J. B. Audebert and L. P. Vieillot, *Histoire naturelle et générale des Colibris, oiseaux-mouchès, jacamars et promerops*, Paris, Desray, 1802, p. 3.

21  Ronsil, "L'art français", p. 37.

22  Louis-Pierre Vieillot, *Histoire naturelle des plus beaux Oiseaux chanteurs de la zone torride*, Paris, Dufour, 1805 和 *Histoire naturelle des Oiseaux de l'Amérique septentrionale contenant un grand nombre d'espèces décrites ou figurées pour la première fois*, Paris, Desray, 1807，两者都是重要的图像记录。

23  Temminck, *Histoire naturelle des pigeons*, Vol. 1, p. 7.

24  William Thomson［Baron Kelvin］, *Popular Lectures and Addresses*, London, Macmillan, 1889, Vol. 1, p. 73.

25  Temminck, *Histoire naturelle des pigeons*, Vol. 1, p. 18.

## 第 7 章

1  Hobsbawm, *The Age of Revolution*, p. 141.

2  Dunmore, *French Explorers in the Pacific*, Vol. 2, p. 228.

3  同上。

4  关于韦罗家族，有一份简短而准确的描述，请参考 J. J. Winterbottom, "Verreaux, Pierre Jules", *Dictionary of South African Biography*, 1972, Vol. 2, pp. 811-812。

5  来自朱尔·韦罗的记录本，Jules Verreaux, "Mammalogie et Ornithologie Australienne. 1844 et 1845", Bibliothèque du Muséum National d'Histoire naturelle, ms. 770, p. 304。

6  关于这些协会的历史，可以找到一份有用的参考文献指南，请参考 R. M. MacLeod, J. R. Friday, and C. Gregor, *The Corresponding Societies of the British Association for the Advancement of Science 1883-1929*, London, Mansell, 1975。

7  Rev. A. Hume, *The Learned Societies and Printing Clubs of the United Kingdom: Being an Account of Their Respective Origin, History, Objects, and Constitution* …, London, Longman, Brown, Green and Longmans, 1847, p. 13.

8  例如，在以下文献中人们可以发现雇用馆长的参考资料：Arthur Deane, *The Belfast Natural History and Philosophical Society. Centenary Volume 1821-1921*,

Belfast, The Society, 1924, p. 15（1834 年雇用馆长）; Goddard, *History of the Natural History Society of Northumberland, Durham and Newcastle Upon Tyne*, p. 50（1835 年雇用馆长）; *Annual Report of the Council of the Shropshire and North Wales Natural History and Antiquarian Society, 1837*, p. 3（1837 年雇用馆长）。

9　Great Britain, *Parliamentary Papers* (Session 223) (1845) (Bills: Public, Vol. 4), "An Act for Encouraging the Establishment of Museums in Large Towns", p. 441; 1850 年的 "公共图书馆法案"（Public Libraries Act）对其进行了修订，允许任何城镇的议会（不只是超过 10000 人的城镇）建立博物馆或图书馆: (Session 606) (1850) (Bills: Public, Vol. 7), p. 361。

10　*Reports of the Council of the Philosophical and Literary Society of Leeds*, 1869 - 70, 50: 4 - 5.

11　Edward Forbes, *On the Educational Uses of Museums*, London, Eyre & Spottiswoode, 1853, p. 14.

12　请参考 Maijorie Plant, *The English Book Trade. An Economic History of the Making and Sale of Books*, London, Allen & Unwin, 1965 (2nd edition)，以及 Alfred Shorter, *Paper-Making in the British Isles. An Historical and Geographical Study*, Newton Abbot, David & Charles, 1971。

13　石版印刷术的重要性立即获得了认可。例如，请参考评论: "Swainson's Zoological Illustrations", *Edinburgh Philosophical Journal*, 1821, 4: 209，以及 Hugh Strickland, "Report on the Recent Progress and Present State of Ornithology", *Report of the Fourteenth Meeting of the British Association for the Advancement of Science*, 1844: 202 - 203。

14　关于某些这类文学的讨论，请参考 Susan Pyenson, "Low Scientific Culture in London and Paris, 1820-1875", Ph. D., University of Pennsylvania, 1976。

15　"Introduction", *The Zoological Journal*, 1824, 1: iv.

16　Linnean Society of London, James E. Smith Correspondence, Vol. 23, pp. 98-99。按照现代标准来看，这些早期专业期刊的发行量相当少。在他的信中，柯尼希（Konig）提到《植物学年报》（*Annals of Botany*）有 250 份的发行量，也可以达到 500 份，但他希望发行量可以高达 1000 份。

17　在 19 世纪 30 年代创建的博物学期刊中，比较重要的有:《博物学档案》

（ *Archiv für Naturgeschichte* ），《动物学期刊》（ *Magasin de zoologie* ）和《博物学期刊》（ *Magazine of Natural History*［n.s.］）。

18　British Museum, Add. ms. 37188, fol. 303. Letter of April 8, 1834。斯温森曾经阐述过他的地位，请参考 William Swainson, *A Preliminary Discourse on the Study of Natural History*, London, Longman, Rees, Orme, Brown, Green and Longman, 1834。

19　*Le Moniteur Universel*, 1841, no. 280, p. 2177.

20　请 参 考 Baron Frédéric de La Fresnaye, *Essai d'une nouvelle manière de grouper les genres et les espèces de l'Ordre des Passereaux (Passeres L.) d'après leurs rapports de moeurs et d'habitation*, Falaise, Brée, 1838。

21　Linnean Soceity of London, Zoology Club mss., Kirby Letters, letter of September 12, 1822。1820 年到 1850 年间，这种想法是大家共有的观念，人们都认识到需要更窄、更详细的关注点。《特别委员会报告》也经常提起，还多次建议每个博物学知识领域单独安排一位管理者。

22　"职业"科学家的特征难以描述，关于这个难度的有趣讨论，请参考 Susan Faye Cannon, *Science in Culture: The Early Victorian Period*, New York, Science History Publications, 1978, pp. 167-200。

23　Rachel Lauden, "Ideas and Organizations in British Geology: A Case Study in Institutional History", *Isis*, 1977, 68(244): 527-538，该研究质疑了一种立场：制度化是科学发展所必需的。本研究也提出了相似的观点，因为作为学科的鸟类学诞生于鸟类学协会、期刊等等之前。

24　［Anthelme Brillat-Savarin］, *Physiologie du Gout, ou méditations de gastronomie transcendante; ouvrage théorique, historique et a l'ordre de jour, dédié aux Gastronomes parisiens, par un professeur*, Paris, Sautelet, 1826, Vol. 1, p. 142.

25　Rev. Leonard Jenyns, "Some Remarks on the Study of Zoology, and on the Present State of the Science", *Magazine of Zoology and Botany*, 1837, 1: 1。这篇文章是其同名演讲的缩减版，于 1834 年递交给英国科学促进协会。

26　同上，p. 26。

27　"Prospectus de l'année 1833 (3e année)", *Magasin de zoologie*, 1833: 1-4.

28　"Principales pièces déposées au Ministre de L'lnstruction Publique et relatives a la demande de souscription au Magasin de zoologie et a la Revue zoologique", *Revue et Magasin de Zoologiey*, 1824, 1: vi-vii.

29　Hugh Strickland, "Report on the Recent Progress and Present State of Ornithology", *Report of the Fourteenth Meeting of the British Association for the Advancement of Science*, 1845: 173.

30　同上，p. 221。

31　British Museum (Natural History), Zoology Library, "Zoological Society of London Manuscript Reports of the Curator. 1836-1840". Report of May 15, 1839.

32　关于奥杜邦的文献数量巨大。初步认识他对鸟类学史的重要性，可以参考以下有用文献：Anker, *Birds Books and Bird Art*, Ronsil, *L'art français*； Alice Ford, *John James Audubon*, Norman, University of Oklahoma Press, 1964； Robert Henry Welker, *Birds and Men*, Cambridge, Mass., Harvard University Press, 1955。

33　引自信息丰富的传记回忆录，James Harley, " The Late Professor Macgillivray", *Report of the Council of the Leicester Literary and Philosophical Society*, 1853: 105-164。

34　Frédéric Cuvier, "Ornithological Biography, or an Account of the habits of the birds … by John James Audubon", J*ournal des savants*, 1833: 706.

35　Frédéric Cuvier, "Nouveau recueil des planches coloriées d'oiseaux, pour servir de suite ou de complément aux planches enluminées de Buffon, par M. Temminck, conservateur du cabinet d'histoire naturelle de Leyde, et M. Meiffren Laugier, Baron de Chartrouse", *Journal des savants*, 1832: 647.

36　Charles Lucien Bonaparte, *A Geographical and Comparative List of the Birds of Europe and North America*, London, Voorst, 1838, p. vi, 其中写道："古尔德先生和奥杜邦先生关注这两个地区的鸟类学，他们的伟大作品被认为是这个主题的标准作品，因而在整个名录中我引用了他们的图画而作为研究物种的典型。"

37　请参考 Allen McEvey, *John Gould's Contribution to British Art*, Sydney, Sydney University Press, 1973。关于古尔德的有趣讨论和石版印刷术的发展，请参考 Christine Jackson, *Bird Illustrators: Some Artists in Early Lithography*, London, Witherby, 1975。

38　请参考 Sandra Herbert, "The Place of Man in the Development of Darwin's

Theory of Transmutation. Part I. To July 1837", *Journal of the History of Biology*, 1974, 7(2): 242‐244。

39　Edward Blyth, "An Attempt to Classify the 'Varieties' of Animals, with Observations on the Marked Seasonal and Other Changes Which Naturally Take Place in Various British Species, and Which do not Constitute Varieties", *The Magazine of Natural History*, 1835, 3: 40‐53，以及 "Observations on the Various Seasonal and Other External Changes Which Regularly Take Place in Birds, More Particularly in Those Which Occur in Britain, with Remarks on Their Great Importance in Indicating the True Affinities of Species; and upon the Natural System of Arrangement", *The Magazine of Natural History*, 1836, 9: 393‐409 and 505‐514。

40　休·斯特里克兰在以下文章中表达了他的想法：Hugh Strickland, "On the True Method of Discovering the Natural System in Zoology and Botany", *The Annals and Magazine of Natural History*, 1814, 6: 184‐194，以及 "On the Structural Relations of Organized Beings", read before the Ashmolean Society of Oxford, March 10, 1845, and printed in William Jardine, *Memoirs of Hugh Strickland*, M. A., London, Voorst, 1858, pp. 348‐356。

41　Strickland, "On the True Method", p. 190.

42　同上。

43　同上。

44　Isidore Geoffroy Saint-Hilaire, "Considérations sur les caractères employés en ornithologie pour la distinction des genres, des families et des ordres, et détermination de plusieurs genres nouveaux", *Nouvelles Annales du Muséum d'Histoire Naturelle*, 1832, 1: 357‐397.

45　N. A, Vigors and Thomas Horsfield, "A Description of the Australian Birds in the Collection of the Linnean Society; with an Attempt at Arranging Them According to Their Natural Affinities", *Transactions of the Linnean Society of London*, 1827, 15: 170‐172，它试图证明林奈和五分法体系的关系。斯温森也在众多出版物中论证了五分法体系和一种自然神学形式的关系。

46　William Swainson, *A Treatise on the Geography and Classification of Animals*, London, Longman, Rees, Orme, Brown, Green and Longman, 1835, p. 242.

47　同上，p. 245。

48　Strickland, "Report on the Recent Progress", p. 177.

49　请　参　考 Johann Jakob Kaup, *Classification der Saugethiere und Vogel*, Darmstadt, Leske, 1844. 对于奥肯等人的自然哲学以及布鲁门巴赫及其追随者的自然哲学，勒努瓦进行了有效的区分，请参考他的 "The Göttingen School"。

50　例如，考普写信给乔治·罗伯特·格雷："我们认为你出版的鸟类学作品是德国最优秀的，我们都有你的作品，而且许多博物馆也按照你的体系进行排列。" British Museum, Egerton ms. 2348, fol. 218, undated letter from 1851。

51　"Report of a Committee Appointed 'to Consider of the Rules by Which the Nomenclature of Zoology May be Established on a Uniform and Permanent Basis'", *Report of the Twelfth Meeting of the British Association for the Advancement of Science*, 1842: 106 - 107.

52　同上，pp. 107 - 108。

53　请参考 L. Elie de Beaumount, *Notice sur les travaux scientifiques de son altesse le Prince Charles-Lucien Bonaparte*, Paris, Bénard, 1866; Maurizia Capelletti Alippi, "Bonaparte, Carlo Luciano, principe di Canino", *Dizionario Biografico Degli Italiani*, 1969, 11: 549 - 556; 以及 Erwin Stresemann, *Die Entwcklung*, pp. 155 - 171。

54　法国国家自然博物馆的图书馆有大量波拿巴的科学通信，还有很多他的科学论文合集。其中包含的证据充分说明了他在科学界的地位。

55　"Report from the Select Committee", Vol. 2, 1836, p. 45.

56　Bibliothèque du Muséum National d'Histoire naturelle, ms. 119.

## 第 8 章

1　Charles Lucien Bonaparte, *Conspectus generum avium*, Leyden, Brill, 1850-1857, vol. 1, p. i.

2　Foucault, *Les mots et les choses*, p. 139。我引用自英译本 Michael Foucault, *The Order of Things. An Archeology of the Human Sciences*, London, Tavistock, 1970, pp. 127 - 128。在此应当指出，福柯的想法一直在变化。我按照《词与物》（*Les mots et les choses*）中呈现的内容描述了他的想法。这个选择不是随意的，而是考虑到该书对历史学家的持久影响。关于最近的一个例子，请参考 Stephen

Cross, "John Hunter, the Animal Oeconomy, and Late Eighteenth-Century Physiological Discourse", *Studies in History of Biology*, 1981, 5: 1‐110。福柯对博物学转型的特性描述非常宽泛，包含了本书引言中提到的博物学史说明的两方面内容（即"生物学"取代了博物学和自然概念新出现的时间演化维度）。

3　Foucault, *The Order of Things*, p. 74.

4　同上，p. 211。

5　请参考我的文章 "Research Traditions in Eighteenth-Century Natural History"。

6　作为一门科学学科的比较解剖学的诞生历史尚未撰写。这个故事的一些内容可以参考 Bernard Balan, *L'Ordre et le temps. L'Anatomie Comparée et l'histoire des vivants au XIXe siècle*, Paris, Vrin, 1979。

7　多邦东和布丰合作完成了《博物志》的第一部分。可是，他没有像他在《博物志》前一部分做的那样——为每种四足动物提供解剖研究，也为《鸟类博物志》提供每种鸟类的解剖研究。请参考我的文章 Paul Lawrence Farber, "Buffon and Daubenton: Divergent Traditions within the *Histoire naturelle*", *Isis*, 1975, 66(231): 63‐74。

8　Coleman, *Biology in the Nineteenth Century*, p. 3.

9　Lynn Barber, *The Heyday of Natural History 1820‐1870*, London, Jonathan Cape, 1980, 书中虽然提出了这个问题，但只是进行了肤浅的讨论。

10　关于这个主题，在下文的注释里有很好的文献介绍，请参考 Nathan Reingold, "Definitions and Speculations: the Professionalization of Science in America in the Nineteenth Century", in Alexandra Oleson and Sanborn C. Grown (eds.), *The Pursuit of Knowledge in the Early American Republic. American Scientific and Learned Societies from Colonial Times to the Civil War*, Baltimore, The Johns Hopkins University Press, 1976, pp. 33‐69。

11　同上。

12　莱因戈尔德经常警告不要过分简化历史记录。例如，请参考他的文章 Nathan Reingold, "National Aspirations and Local Purposes", *Transactions of the Kansas Academy of Science*, 1968, 71(3): 235‐246。

13　同上，p. 236。

14　Maurice Crosland, "The Development of a Professional Career in Science in

France", in Maurice Crosland (ed.), *The Emergence of Science in Western Europe*, New York, Science History Publications, 1976, pp. 154‑155.

15　Joseph Ben-David, *The Scientist's Role in Society. A Comparative Study*, Englewood Cliffs, Prentice-Hall, 1971.

16　罗杰·哈恩（Roger Hahn）展示了对于法国这段故事的理解有多么复杂，请参考 Roger Hahn, "Scientific Careers in Eighteenth-Century France", in Maurice Crosland (ed.), *The Emergence of Science in Western Europe*, New York, Science History Publications, 1976, pp. 127‑138。还可以参考 Robert Fox, "Scientific Enterprise and the Patronage of Research in France 1800‑1870", *Minerva*, 1973, 11(4): 442‑473，以及 Dorinda Outram, "Politics and Vocation: French Science, 1793‑1830", *British Journal for the History of Science*, 1980, 13: 27‑43。

17　W. J. Reader, *Professional Men. The Rise of the Professional Classes in Nineteenth-Century England*, London, Weidenfeld and Nicholson, 1966, p. 147.

18　请参考 George Daniels, "The Process of Professionalization in American Science: the Emergent Period, 1820‑1860", *Isis*, 1967, 58(192): 151‑166，以及 Geoffrey Millerson, *The Qualifying Associations. A Study in Professionalization*, London, Routledge & Kegan Paul, 1964。

19　例如，请参考 Marianne Gosztonyi Ainley, "The Contribution of the Amateur to North American Ornithology: a Historical Perspective", *The Living Bird*, 1979‑80, 18: 161‑177，以及 Allen, *The Naturalist in Britain*。

20　请参考 Susan Faye Cannon, *Science in Culture*。

21　Roy Porter, "Gentlemen and Geology: the Emergence of a Scientific Career, 1660-1920", *The Historical Journal*, 1978, 21(4): 810。不幸的是，波特把自己局限在英国地质学家，因而不太清楚是否能够从中推出一般结论。

22　请参考第七章的引用。

23　斯蒂芬·图尔明（Stephen Toulmin）详细讨论了哲学上的差别，请参考 Stephen Toulmin, *Human Understanding*, Princeton, Princeton University, 1972。

24　Everett Mendelsohn, "The Emergence of Science as a Profession in Nineteenth-Century Europe", in Karl Hill (ed.), *The Management of Scientists*, Boston, Beacon Press, 1964, pp. 40‑41.

25　Levaillant, *Histoire naturelle des Perroquets*, Vol. 1, p. i.

26　William MacLeay, *Horae Entomologicae; or Essays on the Annulose Animals*, London, Bagster, 1319, p. vi.

27　Jenyns, "Some Remarks on the Study of Zoology", (1837), p. 26.

28　请参考 Sheets-Pyenson, "War and Peace in Natural History Publishing", pp. 71-72。在整个 40 卷的系列图书中，贾丁共完成了 15 卷。

29　［Isidore de Salles］, *Histoire naturelle drolatique et philosophique des Professeurs du Jardin des plantes, des aides-rtatnralistes, préparateurs, etc., attachés à cet établissement, accompagnée d'épisodes scientifiques et pittoresques, par Isid. S. de Gosse, Avec des annotations de Frédérick Gérard*, Paris, Sandre, 1847, p. 150。贝特霍尔德·施瓦茨（Berthold Schwarz）是所谓的中世纪火药发明者。罗伯特·马卡伊雷（Robert Macaire）是当时流行的音乐剧中的恶棍，也是奥诺雷·杜米埃（Honoré Daumier）的一系列石版画的原型，他描绘了各种各样的偷窃行为。

30　Buffon, *HNO*, Vol. 2, p. 523.

31　George Edwards, *A Natural History of Birds*, London, Printed for the author, 1743-1751, Vol. 4, p. u.

32　请参考 Cannon, *Science and Culture*, p. 3。

33　请参考 Cannon, *Science and Culture*，书中还包含了有用的参考文献信息。戴维·赫尔（David Hull）曾试图给出一份维多利亚时期科学哲学的哲学分析，请参考 David Hull, *Darwin and His Critics*, Cambridge, Mass., Harvard University Press, 1973。

34　例如，请参考 John Frederick Herschel, *A Preliminary Discourse on the Study of Natural Philosoph*, London, Longman, Rees, Orme, Brown, & Green, 1830。

35　"Introduction", Annales des sciences naturelles, 1824, 1: ix.

36　Neville Wood, *The Ornithologist's Text-Book. Being Review of Ornithological Works; with an Appendix, Containing Discussions on Various Topics of Interest*, London, John Parker, 1836, p. 153.

37　Herbert, "The Place of Man in the Development of Darwin's Theory", p. 244.

38　David Kohn, "Theories to Work By: Rejected Theories, Reproduction, and Darwin's Path to Natural Selection", *Studies in History of Biology*, 1980, 4: 73.

39 Francis Darwin (ed.), *The Life and Letters of Charles Darwin*, New York, Appleton and Co., 1896, Vol. 1, pp. 315-316.

40 关于达尔文在个别国家的接受情况，已经有一些优秀的研究，但是大多数都没有采用比较的方式，除了 Thomas Glick (ed.), *The Comparative Reception of Darwinism*, Austin, University of Texas Press, 1974. Yvette Conry, *L'introduction du Darwinisme en France au XIX$^e$ siècle*, Paris, Vrin, 1974，它完成了很好的工作，考察到法国缺少对达尔文的回应。

41 Newton, *A Dictionary of Birds*, p. 79.

42 请参考 Conry, *L'introduction du Darwinisme* 和 Joseph Schiller, *Claude Bernard et les problèmes scientifiques de son temps*, Paris, Les Editions du Cedre, 1967。

43 理查德·弗伦奇（Richard French）在他的文章中展示了达尔文对英国生理学的微妙影响，请参考 Richard French, "Darwin and the Physiologists, or the Medusa and Modem Cardiology", *Journal of the History of Biology*, 1970, 3(2): 253-274。

44 一个令人瞩目的例外是 Lucile Brockway, *Science and Colonial Expansion. The Role of the British Royal Botanic Gardens*, New York, Academic Press, 1979。

45 同上，p. 39。关于欧洲人对新大陆的早期探索，有一份研究很好地描述了它的生物学意义，请参考 Alfred W. Crosby, Jr., *The Columbian Exchange. Biological and Cultural Consequences of 1492*, Westport, Conn., Greenwood Press, 1972。

46 Morris Berman, *Social Change and Scientific Organization*，该书在 19 世纪英国科学获得支持的与境下讨论了发现的意义。

47 请参考 S. Peter Dance, "Hugh Cuming (1791-1865) Prince of Collectors", *Journal of the Society for the Bibliography of Natural History*, 1980, 9(4): 477-501。

48 至于这些变化以及它们和那一时期社会、经济事件的关系，有一份关于其复杂性的有趣讨论，请参考 Fritz Ringer, *Education and Society in Modern Europe*, Bloomington, Indiana University Press, 1979。

49 请参考 Joseph Fayet, *La Révolution française et la science*, Paris, Marcel Rivière, 1960, pp. 110-119。

50 Allen, *The Naturalist in Britain*，关于这个主题，该书有一份以英国为例

的优秀讨论。

51　同上，p.74。

52　同上，p.75。

53　Charles Babbage, *On the Economy of Machinery and Manufactures*, 4th ed., London, Charles Knight, 1835, p. 386.

54　请参考 Arnold Thackray, "Natural Knowledge in Cultural Context: the Manchester Model", *The American Historical Review*, 1974, 79 (3): 672-709。

55　同上，pp. 674-675。

56　同上，p. 693。

57　George Johnston, "Address to the Members of the Berwickshire Naturalists' Club", *History of the Berwickshire Naturalists' Club*, 1834, p. 11.

58　Babbage, *On the Economy of Machinery and Manufactures*, p. 379.

59　"The Edinburgh Journal of Natural and Geographical Science. New Series", n.p., n.p., n.d., p. 1.

60　同上，p.2。

61　请参考 Phyllis Deane, The First Industrial Revolution, Cambridge, Cambridge University Press, 1965。

# 索引

（索引中后附页码均为原版书中页码，同本书边码）

# 译后记

　　在开始博物学史的研究之前，我分别在四川大学和北京大学的环境科学专业学习了七年。在此期间，我渐渐发现我真正的兴趣是人与自然的互动，而博物学正是这种关系的集中体现。以史为鉴，可以知兴替。面对频频告急的环境问题，面对日趋紧张的人地关系，博物学史的研究或许可以为我们打开另一扇窗户。窗外有碧水蓝天，草木生机勃勃，动物嬉戏追逐，这是所有生命的美好家园。

　　2013 年秋，在导师刘华杰的指导下，我博士期间的研究方向初步确定为美国鸟类学史研究。由于我对这个领域比较陌生，刘老师便将法伯的这本书推荐给我阅读。不久，我怀着十分激动的心情撰写了一篇读书笔记，并把它交给了刘老师。稍后，刘老师便试探我是否愿意将这本书译成中文。我虽然心中忐忑，但在老师的鼓励下，也欣然同意了。

2014 年的春天到秋天，我日日与本书为伴，期间几多艰辛，几多收获。我不但越来越热爱我的研究内容，还从本书中学习到作者的研究方法，更是对 18、19 世纪的博物学充满了好奇。虽然博物学史在中国仍然比较小众，本书又是一部专业的学术著作，但是我想只要有几个人读后觉得有所启发，这番努力也就值得。

关于本书的内容，法伯已经在序中多次提及，我便不再赘述。至于本书的书名，如果直译应当是《发现鸟类：作为一门科学学科的鸟类学的诞生（1760—1850）》，但在多次商议后最终确定为《发现鸟类：鸟类学的诞生（1760—1850）》。一方面是因为现在提到鸟类学便很自然地想到这门学科，另一方面也是为了书名的简洁，避免引起不必要的疑惑。不过，由本书可知，鸟类学的内涵确实发生了改变。约翰·雷和威路比首次提出的"鸟类学"只涉及一些鸟类知识，是当时盛行的博物学的一个分支。在 18、19 世纪，随着博物学的发展和分裂，以分类为核心的鸟类知识逐渐独立出来，并发展成为一门科学学科。这门学科以公认专家组成的国际化团体为标志，他们拥有共同的兴趣，并使用公认的严谨方法来研究一系列问题。此后，鸟类学快速发展，并形成了现今的学科体系。

我衷心感谢所有关心和帮助过我的老师。首先要感谢我的导师刘华杰，是他为我提供了这个学习的机会。他是一位可遇不可求的好导师，入学以来给予了我很多帮助，无法历数。他对博物学尤其是植物的热爱感染了我，使我的学习生活丰富多彩，常常与野鸟、大山和花草为伴。他还适时地引导我去从事有趣且充满意义的研究，丰富我的学术背景并扩充我的专业知识。我也很感谢作者法伯，他总是不厌其烦地为我解疑答惑。我提出的每一个问题，他都会回以大段的文字，详细地描述问题的背景以及他对这个问题的思考，从而帮助我更准确地翻译本书。我还要感谢苏贤贵老师，他在百忙之中抽出宝贵的时间为我讲解本书中和宗教相关的内容，使我能够更好地理解作者的想法。

我还很感谢我的亲人、同门和朋友。我的舅舅是本书的第一位读者，他在炎热的夏季日日伏案为我修订，从而避免了过多的用词造句错误。我的同门和朋友也为我提供了很多建议。对于那些我拿捏不准或理解不当的语句，他们丰富的专业知识和优秀的语言能力总会使我豁然开朗。我非常感谢我的父母，因为有他们的悉心照料，我才得以全身心地投入到本书的翻译工作中。

感谢上海交通大学出版社的领导与编辑为本书出版所作的诸多努力。

刘星

2015 年 2 月 8 日